集人文社科之思　刊专业学术之声

集 刊 名：环境社会学
主　　编：陈阿江
副 主 编：陈　涛
主办单位：河海大学环境与社会研究中心
　　　　　河海大学社会科学研究院
　　　　　中国社会学会环境社会学专业委员会

ENVIRONMENTAL SOCIOLOGY RESEARCH No.1 2023

2023年第1期（总第3期）

集刊序列号：PIJ-2021-436

中国集刊网：www.jikan.com.cn

集刊投约稿平台：www.iedol.cn

2023 年第 1 期（总第 3 期）

陈阿江　主编

环境社会学

ENVIRONMENTAL
SOCIOLOGY
RESEARCH

No.1 2023

社会科学文献出版社
SOCIAL SCIENCES ACADEMIC PRESS (CHINA)

河海大学中央高校基本科研业务费"《环境社会学》（集刊）编辑与出版"（B210207037）

"十四五"江苏省重点学科河海大学社会学学科建设经费

卷首语

水是人类赖以生存的物质基础，用水与治水历来是重要的社会、经济、政治议题。人们因用水结成社群，形成规范，发展生产，建立文明。同时，因治水协作互助，构建制度，整合社会。水与经济形态、社会文化互嵌互构。伴随着经济社会快速发展，水环境污染、水资源短缺、洪涝、干旱等水问题日趋复杂。如何理解和调节"水与社会"的关系，既是重大的现实问题，亦是重要的学术命题。

本辑以"水与社会"为主题，聚焦水问题与水治理。其中，"水域社会"栏目中，《共域之治：传统水域的治理研究》一文追溯传统水域治理机制，以用水群体与共域空间的关系为切入点，系统分析"族门－河埠头"的共治机制、"村落－河道"的兼治机制以及"渔民－水面"的无治机制，挖掘传统治理的基本理念，为当下治理提供借鉴。"水问题与环境治理"栏目中，《苏南地区生态转型下社会"自组织"的演变与思考》聚焦苏南地区生态转型的多维表现以及与生态转型相伴随的社会力量"自组织"的演变特征。《双重嵌入：社会组织推动化工园环境治理的模式与路径》以环境社会组织推动化工园区企业清洁生产与绿色发展路径为核心问题，发现实践中环境社会组织以"专业化"以及"公众化"双重嵌入推动企业绿色发展以及环境友好型化工园区的建设。《以产品为导向的环境治理模式及其实践探索——瓶装水案例》

一文基于瓶装水生产及消费过程中严重的环境问题，探讨一种以产品为导向、以生命周期环境影响评价为基础的环境治理。"干旱区水问题及应对"栏目的 3 篇文章展现了西北地区三种不同类型的水问题。《气候变化背景下塔里木河流域洪水灾害的经济社会影响及应对》一文系统梳理了塔里木河流域洪水灾害的状况、生态效应、经济社会影响以及当地社会的应对。《气候变化、人口增长与社会失范：陇中缺水问题的一个解释框架》一文对陇中黄土高原日益严峻的缺水问题做出阐释，发现缺水问题是气候变化、人口增长和社会失范等多种因素共同叠加的后果。《治理型缺水——以宁夏 G 市一个生态移民村庄的设施农业为例》基于宁夏 G 市一个生态移民村的调查，分析地方水治理实践在治理理念、主体结构、市场治理及技术治理等方面存在的问题如何造成"治理型缺水"。"国外水治理"栏目的 2 篇文章分别关注日本与非洲的水问题。《琵琶湖的环境治理与政策：环境社会学视角的探索》一文展现了日本琵琶湖的环境问题及社会应对，为以湖以水为缘的环境问题治理提供了重要的经验借鉴。《非洲水问题的历史变迁与治理选择》一文将水作为非洲发展的"镜子"，梳理非洲水与发展的历史过程，分析当代非洲水治理的选择，提炼非洲水治理的特点。在学术访谈栏目中，受访专家对河湖环境治理的制度建设、形式多样的地方实践模式、治理成效的表现以及治理机制的优化路径做了系统论述。

　　源于人类社会的用水、治水行为不当，各类水问题形势严峻，一些地区甚至出现了严重的水危机，需要对人水关系做系统且深入的探讨。需进一步挖掘传统水域治理智慧，为当下水治理提供借鉴。考察人们的用水观念及行为，为水治理政策提供参考。解析各类水治理模式及其特点，为完善水治理机制提供学理依据。本集刊后续将持续关注"水与社会"议题，期待学术界涌现越来越多的水与社会研究领域的学术成果。

目　　录

国外水治理

学术访谈

共域之治：传统水域的治理研究[*]

陈阿江[**]

摘 要： 基于目前太湖流域水质明显改善但治理中也出现了新问题这一现实，本文尝试追溯共域（commons）治理的主要类型及其社会机制。以村落族门为单元共建共享河埠头，借由实践规范、教化约束、熟人监管等形成共治格局。借助必要的生产活动，兼顾解决河道环境问题，形成以河道治理为主兼顾生产、或以生产为主兼顾环境治理的兼治活动。源于传统水域"准无限"的资源特性，达成人与自然、人与人之间的平衡，使无须刻意用力而可自动达成秩序的无治策略成为可能。随着治理机制赖以存在的社会条件的改变，水域治理需要与时俱进，但传统治理所承载的基本理念或可为当下的治理提供借鉴。

关键词： 太湖流域 环境治理 公地悲剧

---

[*] 本研究是国家社会科学基金重点项目"'苏南模式'的生态转型研究"（项目号：20ASH013）的阶段性成果。感谢马超群、牟一豪同学参与了实地调查及相关议题的讨论。

[**] 陈阿江，河海大学环境与社会研究中心、社会学系教授，研究方向为环境社会学。

一 导言

我在 20 世纪 90 年代后期进行苏南研究时，发现水环境问题日益严重。因此提出这样一个疑问，为什么传统的水域在长时段内都没有出现显著的问题，而 20 世纪 90 年代以来水域却迅速被污染了？这一疑问是我后续水环境问题研究的开端。最近的环太湖调查结果显示，大部分河道的水质已经得到明显改善，[①] 但新问题是现在部分地区的治理又走向一个新的极端：河道卫生、美丽优先于生态，完全靠行政体系推动而无视民众的责、权，不计成本地投入河道治理等，经济社会的可持续性令人担忧。因此，追溯传统水域的主要治理方式及其社会机制与存在的条件，或许可以带给当下的河道治理以启示。

传统水域属于哈丁所说的 commons （共域）之中的一类，而 commons 译为共域[②]或许更为恰当，传统水域则可称为共水。哈丁是从生态学、人口学的视角出发，呈现了一个广为困惑的难题。[③] 奥斯特罗姆则从哈丁的 commons 转向了 common-ponds （公共池塘），聚焦于公共池塘

[①] 2022 年 9 月，我们在环太湖地区的农村调查，直观的感受是人们可以在河里游泳了，河道的鱼虾回来了，鱼可以吃了。相关领域的专家提供的信息也表明河道水质已得到了明显改善，如对于水质敏感的鳑鲏鱼等鱼类开始出现在河道里了。

[②] 哈丁的文章被介绍到中国后，被翻译为《公地悲剧》。参见 Garrett Hardin，"The Tragedy of the Commons，" *Science*，Vol. 162，1968，pp. 1243 – 1248。commons 被翻译为公地，其实并不妥当。Commons 实际上不是公地，而是共有地，因此，"公"应该为"共"。Commons 也不仅指地或池塘，而应该是更具包容性的一个空间概念。把 commons 译为共域，或许更接近它的本义，也更能适应不同的应用场景。根据《辞海》的解释，"共"是共同、共有的意思。"共"的核心是日常生活中的共同体，但其边界并不像政府、公司组织那样确定。现实中的共域往往是根据情景来定义的。《辞海》定义的"公"是指国家或集体的。显然，按照当下中国国情的特点，无论是国家还是集体，公都是有边界的，而且边界是清楚的。毫无疑问，传统的江南地方水域，绝大多数是共域（commons）的一种类型，或可称之为共水。太湖地区的水域，传统时期总体而言是共有的，但也有例外，有官河、官湖，也有私有，或者局部功能为私有。与西方的产权观念不同，中国传统的产权往往不表现为绝对清晰的状态。传统水域总体呈现开放状态，即共有与共享状态，但局部被设置禁项——为某些主体特别专有专用，这样的禁项设置往往是根据情景、地方历史确定的。本文只讨论涉及共域的议题。

[③] Garrett Hardin，"The Tragedy of the Commons，" *Science*，Vol. 162，1968，pp. 1243 – 1248.

的资源特性。^① 有意思的是，日本学者菅丰从民俗学的视角对河川"共有资源"（commons）的研究，虽然提到了河川对当地人生活的重要性，但他也集中于研究资源议题。^② 当 commons 作为经济学或管理学的研究对象时，研究者已窄化了这一概念，仅仅关注它的资源特性，成为现代经济视野中的稀缺资源。而现实中的共域，特别是传统社会中的共域，除了具有资源特性，还有许多其他的综合特性，在某种意义上可以说，它是人的生活世界。另外，奥斯特罗姆的研究是基于现代社会，特别是现代资本主义社会的基本立场，聚焦于"有治"研究。国内水利社会史的研究同样聚焦于水资源稀缺地区的"有治"研究，其众多类型的水利社会是建立在稀缺水资源的基础之上的。^③

我在研究太湖流域面源污染问题时发现，稻鱼共生的生态种养模式有效地解决了面源污染问题，达到了无治而治的效果，^④ 无治成为环境治理的一种新类型。此外，我在研究沙漠环境治理时发现，发展光伏项目可以带动沙漠环境治理，实现产治融合，^⑤ 发展生产可以兼顾环境治理。事实上，无论在现代社会还是传统社会，诸如通过无治、兼治而达到治理效果的治理方式都是广泛存在的。

根据本文的研究需要，我构建了传统水域治理的基本框架，即除了业已被重视的"有治"（治理）外，还专门讨论了无治与兼治这两种容易被忽视的治理类型。如图 1 所示，本文将以太湖流域经验资料为基础，就有治（共治）、兼治与无治三种类型进行分析。

本文的经验资料源自笔者多年来对太湖流域水环境问题的观察，其中有些村落是笔者的不定期观察访问点。最近的实地调查包括 2022

---

① 埃莉诺·奥斯特罗姆：《公共事物的治理之道——集体行动制度的演进》，余逊达、陈旭东译，上海：上海译文出版社，2012 年。
② 菅丰：《河川的归属——人与环境的民俗学》，郭海红译，上海：中西书局，2020 年。
③ 行龙：《走向田野与社会》，北京：生活·读书·新知三联书店，2015 年；张俊峰：《水利社会的类型——明清以来洪洞水利与乡村社会变迁》，北京：北京大学出版社，2012 年。
④ 陈阿江：《无治而治：复合共生农业的探索及其效果》，《学海》2019 年第 5 期。
⑤ 陈阿江、李万伟、马超群：《寓治于产：双碳背景下的沙漠开发与治理》，《云南社会科学》2022 年第 6 期。

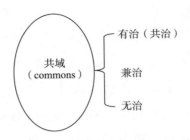

图 1　共域治理类型的基本框架

年 6 月的苏州张家港调查，以及 2022 年 9 月的环太湖地区调查——涉及苏州的吴中区、吴江区、张家港市，无锡的宜兴市，常州的武进区以及湖州的吴兴区。实地调查期间，一方面我们注意观察水域、村落的环境信息，另一方面访谈相关县级、乡镇主管部门的负责人，以及村庄关键信息人。与此同时，我们广泛收集和阅读地方志文献，包括相关地区的县（市、区）志、水利志及渔业志等文献资料，尝试从整体上理解该地区长时段水环境以及涉及水域的生产生活的演变与当前水域的基本关系。

二　共治：族门–河埠头

江南地区的水域，有一部分是需要通过用水群体的合作进行建设和管护的。从用水群体与共域空间的关系来看，可以分成不同的关系类型。这里先集中讨论族门与河埠头单元的水域治理，它是最基础的社会关系类型。

传统上，太湖流域地区家族、宗族虽然也受到重视，但具体到普通村落、普通人家，就不如皖南、福建等受朱熹理学影响深重的地区，家族、宗族的规范和组织建设并不完善，然而，基本的血缘族群关系在日常生活中依然显眼并且十分重要。

汉族地区通常是男性继嗣，因此形成父系继嗣的大家族、宗族，以及世系群的宗族。① 家庭之外以男性继嗣原则组成的一群由共同祖先传承传下来的血缘群体，其类型、名称多样，血缘关系的密切程度与群体规模也千差万别。如林耀华在《义序的宗族研究》中把由家庭到宗族的继嗣群体划分为家、户、支、房、族。② 费孝通在 20 世纪 30 年代在吴江江村调查后发现家户之上的族的群体，"五代以内同一祖宗的所有父系后代及其妻，属于一个亲属集团称为'族'……'一个族的大小平均约有 8 家'"③。沈关宝在 20 世纪 80 年代对苏南乡村的追踪研究中发现，比家户规模更大的两个继嗣群——家门与自家屋里。沈关宝谈道，江村谈姓三兄弟各自成婚后与父母分为四家，被认为是一个家门，一个家门的人还有共吃年夜饭的习惯。规模大于家门的是自家屋里，"一只老根子上葆出来的各家都属于自家屋里"，村里的习惯，一般计算自家屋里继嗣群大致是五代或六代。根据沈关宝的统计，当时的江村共有 638 户、396 个家门和 74 个自家屋里，④ 据此可以计算出江村平均每个家门的规模为 1.6 户，每个自家屋里的规模为 8.6 户。显然，自家屋里的规模与费孝通调查中族的规模 8 户非常接近。本文后续用"族门"（"同族门里的人"的意思）这一称谓指称费孝通所说的"族"及沈关宝所说的"自家屋里"。⑤

　　类似于北方的水井，水乡河网地区也有集中的取水点、用水地。在太湖流域的平原地区，利用河道充足的水源，普遍建有河埠头作为取水

① 庄孔韶：《人类学概论》，北京：中国人民大学出版社，第 274～275 页。

② 林耀华：《义序的宗族研究》，北京：生活・读书・新知三联书店，2000 年，第 73～74 页。

③ 费孝通：《江村经济——中国农民的生活》，戴可景译，南京：江苏人民出版社，第 59～60 页。

④ 沈关宝：《一场悄悄的革命——苏南乡村的工业与社会》，昆明：云南人民出版社，1993 年，第 200～201 页。

⑤ 与族门关联的另一个概念是邻里。邻里主要指因地缘关系而结成的群体。族门与邻里是两个既有区别又有关联的群体。前者是血缘关系群体，后者是地缘关系群体。分家后形成的血缘群体通常会毗邻，相应地，村落社会以近血缘的家户为主形成聚落。在江村，"邻里，就是一组户的联合，他们日常有着很亲密的接触并且互相帮助。这个村习惯上把他们住宅两边各五户作为邻居……他们互相承担着特别的义务"。参见费孝通《江村经济——中国农民的生活》，戴可景译，南京：江苏人民出版社，第 70 页。

用水之地。一般三五户人家共用一个河埠头，多的达到十几户，少的也有一户独用河埠头的情形。

以许村为例，1970 年[①]该村总共有 19 户。村庄分东南西北四个片区：东边 3 户，南边 8 户，西边 5 户，北边 3 户。东边 3 户是一个族门，共用河边居中的河埠头；南边和西边多个族门共 13 户，共享较宽的南埠头；北边 3 户一个族门共用北埠头。总体而言，河埠头的使用与族门具有较为清晰的对应关系。

河埠头何时所建，已难以考证。但谁建谁用，大致说得通。河埠头是由厚重的花岗岩搭砌而成，长、宽、高分别约为 1.5 米、0.4 米、0.2 米。这样的条石因厚实笨重而稳固，因此构建物本身通常也不需要特别地加以维护，较大的维修通常在十年或更长时间后才需要进行。

河埠头水域的日常秩序维护十分重要。河埠头的使用是有规则的，但大部分村庄践行的是实践规则，即既没有形成系统的条文，也没有用文字记录于村规民约或石碑等处。这一点与中国传统村落的治理一脉相承，即村落的治理大部分是在实践中得出，依靠口头传承，并且有很强的情景性。比如，在河埠头洗涤的时候，什么样的废弃物可以扔到河里而什么样的不可以扔，村落社会并没有为村民提供一个"清单"，但实际上，大部分村民心里是非常清楚的。比如，一棵烂白菜就近扔在河埠头的水面，显然是不合适的，而几片小菜叶大家就会觉得无所谓。这大概是基于日常生活经验而得出的。因为细碎的物质，扔到河里，很快就有鱼虾游来吞食，即使不能被水生动物吃净，漂流过程中也很快被微生物消耗。村民不具备系统的生态学知识，但却具备最基本的生态学实践常识，因此他们可以根据日常的实践判断某物可以被消耗，而某物可能会产生"环境影响"。

规则的传承、环境教育也是在实践过程中进行的。成年人可能在有

---

① 1970 年前后，人口增长较快但大部分多子女家庭还没有分家，之后分家分户比较普遍，并逐渐地开始分散建房，新地方建房的家庭会就近建河埠头。因此选择这个时间点，大致能反映传统时期家户与河埠头之间相对稳定的关系。

意无意中告诉孩子哪些东西可以在河埠头洗而哪些不可以在河埠头洗，哪些可以扔到河埠头而哪些不可以扔到河埠头。更重要的教育是一种"阻止性实践"教育——或就孩子而言是一种挫折教育，即当孩子准备到河埠头洗涤某些通常被认为不合适在河埠头洗或准备抛扔某些不适宜的物件时，被成年人阻止甚至呵斥。规训孩子的行为，使其知晓有关河埠头行为的禁区，进而内化为行为准则，并逐渐固化为行为习惯。

河埠头作为人员集聚的公共场所，存在开放式的讨论，即某种意义上的"公共论坛"。当孩子把烂白菜扔到河里的时候，村民甲与村民乙可能形成两种完全不同的意见。村民甲阻止孩子把白菜扔到河里，认为白菜烂了会发臭，但村民乙认为没事，根据他的推测，鱼很快会把这个烂白菜吞食完。后续的观察可能会证明村民甲的说法或村民乙的说法是恰当的。这样开放式的讨论或争论最后逐渐成为村民行事的参考。

监管是维持水域秩序的重要策略和手段。人与人是有差异的，对水域的认知、对清洁卫生的感知与要求、个人维持共域秩序的责任心与自觉程度都存在显著的差异。因此，除了日常生活中普遍存在的责任性监管和竞争性监管，[①] 有"洁癖"的人——清洁卫生和社会意义上的双重"洁癖"的人往往成为维持河埠头秩序的人。2022 年 9 月 24 日，我在江村所见的一幕，就呈现了乡村社会监管机制的一个基本特点。

我带着学生与在河边洗碗的老人闲聊。这时一位男子对着我们大声说话，手指这指那，情绪显得有些激动。我顾着与河边洗碗的老人闲聊，没有正面回应他的话题，而我们刚刚入学的本科生好奇地听他的述说。他抱怨的话语里有两个重点：河道环境（水质）与村干部管治的能力。他所关注的问题对本文的分析并不重要，重要的是这一情景的形式与结构。

从形式上看，他的抱怨是针对村干部的。从常理上看，他这样对外

① 陈阿江：《从熟悉社会到透明世界——监视视角下的社会类型演变》，《江海学刊》2022 年第 2 期。

人的抱怨似乎不像是在尝试解决问题，因为河道的问题不大可能通过
外来的大学生来解决。然而，他并非无的放矢，或许是想把问题大声嚷
出来，通过各种可能的途径传到村干部的耳朵里。即使村干部不能解决
问题，至少可以留存"问题意识"。另一层深意上，他是说给自家屋里
人听的。这个河埠头是他们 6 户族门（自家屋里）人共用的。如果直
接批评自家屋里人不守用水规矩，容易伤和气，况且也未必就能抓得到
现行。但基于熟人社会的特点，借助于这样一个特定场景，他可以不点
名地批评那些不自觉遵循用水规矩的人。就此意义上理解，与其说他是
在嚷嚷给外人听，不如说是说给自家屋里人听；与其说他的批评是针对
村干部的，不如说他的话是针对自家屋里人的。

　　无论是监管还是开放式讨论，实际上都是源于"这是我们的水"
这样一个共识，水质不好会影响我们的生活，毫无疑问我们应该对此负
责。虽然相对于私权、私利，共域、共权、共责有一定的模糊性，但是
在一个熟悉的圈子里，"我们"所需要共同承担的后果是清楚的，因此
"我们"的权力、"我们"的责任相对而言都是清楚的、可操作的。

三　兼治：村落－河道

　　由于水域的相对宽广和不可控性，传统上村民对水域的管控往往
根据实际情形而确定。村落与河流的关系，与村落规模及村落所处地理
位置、河流特点相关联。如果河流相对较宽，则村民实际可控制的范围
有限，能够控制的可能主要是河埠头及其周围水域，但依然会面临如何
使用共有水域的问题。如果河流较窄，村庄家户比较密集，则呈现河流
整体被控制的局面。例如，在太湖溇港地区的伍村，被村民称为门前
港①的河道，整体是在村庄之内，因而也是在村民的可控范围之内。

---

① 当地人称河为港。门前港是村民自己的说法，意指家门前的河，是"我们的水""我们的
河"，是生活世界的共域而非稀缺资源的共域。

所谓门前港是村民对村内家门前河流的简称，可以视为自然村内若干河埠头水域的集合，是以"我们"为定位标记而形成的，当地人并不给它一个具体的名称。就伍村的情况看，门前港—村落的关系，在某种程度上可以被视为若干组河埠头—族门关系的集合。

与河埠头定位为族门不同，门前港一般被村民视为村庄的河道，即历史上形成的河道与自然村落的连接。因此，门前港的管护成为村落成员的共同事务。除了村落社会的共治，还表现出兼治的特点，即以河道治理为目的兼顾生产生活的治理，以及以生产为目的兼顾河道治理的活动。① 下面以太湖溇港地区的村落为例加以说明。

处于世界灌溉工程遗产②核心区的伍村，因其所处的气候与地理条件而形成了必须年年清淤的村落公共事务。太湖地区盛行季风，春夏以东南风为主，秋冬则以西北风为主导。风吹浪击，形成含泥沙量较高的混浊之水，泥沙随水通过溇港、进入门前港。如果不及时清淤，河道就会被堵塞，村庄的船只就难以进出而影响航运，进而会影响村民的生产与日常生活。

因此，每年的冬末或春初，村落要组织村民对河道进行清淤，以保障河道畅通及村民的正常用水。这项公共事务关系到村庄中的所有家户，因为大家都要到河中汲水，都要借助河道用船进行运输。按惯例，村里几位年长、有威望的人会坐在一起聊一下，说什么时候、哪些人可以挖淤了，之后就很快行动起来。这是超越家户、族门而成为村落共同体的事务。从河道里挖出的淤泥，抬高了太湖南岸沿湖地区的高度，改善了土壤的结构。例如太湖南岸的某些地方，因湖水中积聚了大量小粉

---

① 日本学者菅丰对大川的研究发现，"仅就大川而言，共有资源首先是人们的生活保障体系，继而才是作为环境和资源的保护体系"，当地居民保护大川的目的"不是要强调'共有资源有助于环境的可持续发展'"，守护大川、保护自然是以让自己可以捕获更多的蛙鱼资源为目的。因此，我们可以认为菅丰通过大川案例为我们提供了另外一种兼治类型，这种类型在森林、水产等资源的开发和利用方面是广泛存在的。参见菅丰《河川的归属——人与环境的民俗学》，郭海红译，上海：中西书局，2020年，第156页。

② 2016年，浙江湖州太湖溇港、陕西关中郑国渠与江西槎滩陂三项工程入选第三批世界灌溉工程遗产名录。

土，通过清淤填土，改善了土壤结构，加之太湖夜潮地的特征，成为百合等优质农作物的生产基地。

与因通畅河道而进行的清淤目的不同，另外一类兼治活动——罱河泥——其直接目的是为农业生产积储肥料。传统时期，肥料稀缺是农业生产的主要瓶颈，而河泥则是优质肥料。河道淤泥主要来自地面的冲刷物，以及沉淀在河道里的水生动植物遗体，因此含有大量的有机质及微生物。个体从积肥的立场考虑，利用空闲时间罱泥积肥，却顺带发挥了清淤的功能。① 显然，村民优先关注的是罱河泥的显性社会功能，即河泥可以作为稀缺的肥料来使用，而其潜在的社会功能则是疏通了河道，无成本地完成了水域公共事务的治理。

事实上，传统社会中，经过长期的实践形成了许多有意义的产治融合的模式，即在解决生产问题的同时顺便解决了河道淤泥等环境问题。此类产治融合，是无意识还是有意识的行为？或另有其逻辑？从局部和短时段来看，积肥顺带发挥清淤的功能确实是无意识的行为，但如果从更广的空间和更长的时段去分析，事情可能不是那么简单。在农村调查时笔者注意到，南方大部分地区的村民都有主动清理坑塘沉淀的淤泥的传统：一方面挖塘清淤，另一方面则利用清挖出来的淤泥做肥料。因此，或许我们可以认为罱河泥所实现的清淤效果，既可能是无意识的，又可能是有意识的。不需要刻意为之，时间一长大家似乎也忘记了它的隐性功能而成为无意识行为；一旦需要有意为之，比如局部河道的清理以保持畅通等，村民也会根据需要组织起来。可见，河道的畅通是生产积肥与清淤活动的有机结合。

我们今天看到的河道环境问题，在传统时期大多不是问题。比如今天较为严重的面源污染问题，在传统社会就从来不是一个问题。客观上，传统社会肥料稀缺，在利用与治理融合的社会机制下，村民会充分利用水面为他们提供耕地以外的食物，比如，在水体中种养莲藕、茭白

---

① 与罱河泥相似，水乡地区利用农闲时间罱草积肥，同样具有通畅河道的治理功能。

和菱角等，莲、藕、茭白和菱角可以作为食材被利用，非食材部分同样会被利用起来。比如，荷叶是很好的包装材料，类似于今天的塑料纸，具有一定的防水效果，可以包装带水、带油的食品。绿色水生植物大多可以作为饲料，枯萎之后大部分可以作为燃料。水体中的养分聚集在水生植物的植株和果实中，当它们被当作有用之物加以收割后，其中的养分就跟着上岸，水体中的氮、磷、钾等营养元素自然就下降了。

另一类我们今天视为危害的是所谓的外来物种，从环境社会学的角度看，其实也是产治融合社会机制弃用的结果。原产于南美的水花生（喜旱莲子草）、水葫芦（凤眼蓝），容易繁殖且生长速度快，可以充分利用非耕地的水面。引入中国之初是作为牲畜饲料或作为堆肥的原料。它们对水体中的氮、磷、钾等营养元素有较好的富集作用。因此，在改革开放之前，它们均具有"兼治"的功能，即一方面作为一种农作物在生产中被加以利用，另一方面它们清洁了河道。只是后来其利用机制的条件发生了改变，作物功能被弃用之后，它们在河道自生自灭，才逐渐酿成环境问题。

水花生、水葫芦的疯长问题不是它们作为外来物种的"原罪"，只要生态—社会条件和机制具备，本土的水草也会疯长。2022 年 7 月的一天，我们在张家港福村进行调查。刚进村，村干部、保洁公司的负责人就跟我们抱怨，河道里的水草疯长，工人天天到河道里捞水草，又累又不安全，效果也很不理想。水草长得实在太快了！事实上，外来物种水花生、水葫芦因漂浮在水面，相对还比较容易清除，而从河底生长出来的本土物种，如黑藻、苦草等，就难以斩草除根了。但是，我们后来发现，自然村村民家门前的门前港水草并没有呈现疯长局面。原来，门前港水面的责、权划给了村民小组，而村民小组优先考虑把水面利用起来——春天买点鱼苗放养到河道中。在放养鱼苗的河道中，鱼吃水草，就能形成生态平衡。可见，巧借生态系统内物种之间的制衡关系可以有效达到河道治理（兼治）的效果。

总之，在传统社会，水域的使用、管理等，主要通过族门或村落共同体的协商、合作与竞争等方式实现。共域的治理基本上也是从古老的传统沿袭和传承下来的，但更大范围内的河道治理常常成为地方政府甚至国家的行为，如太湖流域塘浦圩田体系的形成则有国家力量的介入。

四 无治：渔民－水面

除了有治、兼治，共域的无治是另外一种重要的治理形式。

谈到无治，自然无法回避老子及道家学说。以老子为代表的道家学说，强调自然之治。道家学说因其所探讨的内容并没有在现实社会中普遍存在而常常遭到批评，但作为一种治理类型是有重要的认知意义的。另外，就环境治理而言，道家学说提供了双重价值：对自然的态度以及人在环境治理中的作为。斯密所设想的市场经济，通过"看不见的手"的调节，实现了从无序的、自利的个体到共利的系统均衡。从个体到系统的这个"黑箱"过程，在某种意义上就是无治的。无治并不是无所作为，而是一种无须刻意作为的自动达成秩序的治理策略。

长期以来，南方水网地区的水域发挥了许多重要的社会功能。比如，农业的灌溉水源、农田排涝的蓄储以及河道的航运功能。由于水域在发挥这些功能的时候，大多呈现"无限"或非稀缺①的特征，似乎没有被纳入治理而加以关注。这里所说的无限或非稀缺特征，实际上是指人与自然以及人与自然关系所体现的人与人之间尚未呈现紧张的关系。无限或非稀缺是一个特定时空情景形成的特定的状况，一旦时空或情景条件改变，无限或非稀缺状态就不再显现。技术的进步以及产业革命后的规模化生产，很容易改变这种无限或非稀缺的特征。江南传统社会形成的诸如取水、航运这样一种自然形成的无须特别加以治理的秩序，

---

① 只有在特殊的情景下才是稀缺的：例如当河道进入镇、市区时，航道的通行资源就变得稀缺；而当取水人多或水质不好时，饮用水变得稀缺了。

接近于无治模式，而另一种接近于无治模式的则是江南水乡的捕捞业。

当下对鱼类的滥捕迫使政府下决心实行禁捕。在传统社会里，水产对当地居民来说是一类"准无限"的资源。水产资源是否稀缺可以从两方面衡量：一是从相对于人类的需求而言的供给看，二是从人类的攫取能力与资源的更替、再生看。水产的捕捞具有很强的或然性，俗语"半天里张丝网"说的就是这种或然性。相对于宽不过数尺、长不过数丈的丝网，河湖的空间显得无限宽广。在无限水体里生活的鱼类撞上有限网面的丝网，只能说鱼的运气不好，而不会造成鱼类灭绝的影响。因此，总体而言，渔民无论用网具、钓具还是其他工具，他们都是在一个相对无限的资源空间里获取有限的资源。比较现代的某些"一网打尽"的捕捞技术，传统的捕捞是"半天里张丝网"。比如，现代的拖网捕捞，一张长达数公里、宽达数米（上齐水面，下达河底或湖底）的拖网，两端各用大马力的拖船牵引，其结果是一天之内把数十平方公里水域中的鱼虾一网打尽。如果有许多船只日复一日、年复一年地这样捕捞，就会造成资源的枯竭。再如，电捕方法，以高压的正、负两极在水里移动，凡电极靠近的鱼类无论大小都会瞬间翻白肚，局部水域"片甲不留"，长期如此必定对鱼类造成"断子绝孙"式的影响。

水乡地区传统上有两类人在捕鱼。一类是农民兼业捕鱼；另一类是渔民，岸上的农民称他们为网船人。他们在岸上无地无房，终年以船为家、以渔为业。在传统的捕捞技术条件下，水产资源对他们而言是"无限的"，因为传统的捕捞技术不大可能造成一网打尽而无法循环再生的毁灭性影响。但如果专业的渔民人群无限扩大，捕捞不择手段，特别是对鱼类繁殖不加考虑的话，也会造成鱼类减少甚至灭绝。就此而言，水产资源对专业渔民而言不是绝对的无限资源。

笔者在昆山周庄镇访谈了原渔业大队的老渔民，了解了他们的传统生计方式。人民公社时期组建的渔业大队，其成员基本上是原本在周庄公社一带捕鱼的人。当时组建的渔业大队共有五个生产队，每个生产队基本上对应着一类生计群体。首先，从人口学类型上看，一队至五队主要来自周庄邻近的嘉兴、吴江、高邮、宝应、山东及泰州等地。其次，他们分别从事不同类型的捕捞生计，一队主要用罾网捕鱼，二队主要用丝网捕捞，三队用滚钓捕鱼，四队用均（音）钓捕鱼，而五队则以抄网捕鱼。由于来源地不同、所拥有的专有技术特长不同，所以他们可以在同一个地方捕获不同类型的鱼。从一个理想的状态来看，这五类人群有相对清晰的因捕获水产资源类型不同而形成的生计差异，并就整体水域而言形成一定的互补关系。

传统渔民对水产资源形成的是一种接近于"共水无治"的状态，即一种接近自然而治，或者说，由类似于"看不见的手"而发挥作用的自动平衡的状态。首先，是在长期的历史进展中形成的人类的捕捞能力与鱼类的繁殖能力的自然平衡。受制于自然条件和人类捕捞的技术水平，渔民很难把河湖中的鱼"一网打尽"。其次，是生产者之间的调节与平衡。假如某个地方水产资源比较丰富，就会多吸引一些人过来；相反，如果捕捞多了，水产资源繁育慢了、鱼少了，一部分渔民就难以维持生计而不得不迁至他乡。20 世纪 60 年代渔民的定居状态，大致反映了当时捕捞人群与水域的关系，以及不同捕捞人群采用捕捞手段与生计资源之间的相对平衡的关系。从周庄五个渔业生产队的来源地看，历史上有大的迁移；五个生产队的生计分工恰恰也说明了人类对水产资源获取的分工与调节，不同社群采用不同的捕捞手段获取不同的水产资源。

无治也是一种治理，是一种特殊的治理形式，其目的是达到治（秩序）的状态。它不是一种特别"用力"的治理，而是一种轻治，或根本不需要"用力"的无治策略。这种无治策略对今天一些颇为用力甚至过度用力但收效甚微的地方治水实践有重要的反思与启发意义。有必要借助对无治条件、机理的认识，在后续的治理中，创造无治的条件，培育无治而治的社会机制，推动重治与轻治、无治之间的平衡治理。

五 余论

前述讨论了江南传统社会中共水治理的若干理想类型。在传统社会，河道及水边，大多属于共域。事实上，私权也会不断侵入共域，但从一个比较长的历史时段看，私域与共域、私权与共权大致形成了平衡。

首先，大部分的共域是无须人去特别管理的，比如一般的水面，如果仅作为水资源取用或作为航道使用，则具有"无限性"；如果作为水产资源来考量，往往受技术的约束而可自由竞争，能力成为人与自然平衡关系的主要约束要素。

其次，凡被人们使用的共域，都形成了相应共同体的管控机制，如居民日常用水的河埠头往往与使用河埠头的族门具有基本的对应关系，一旦出现问题，使用者自然会关注和管控自己的行为而不至于偏向太远。同样道理，村落所管控的水域、所形成的管控机制大致能够维持水域与村落社会的正常运行。

1949 年以后，我国逐渐进入集体化时代。人民公社成立以后，农村土地产权逐渐明晰，土地归集体所有，即三级所有，以生产队为基础。与老百姓关系密切的耕地通常归生产队集体所有，有些林地、荒地则可能归属大队或公社所有。河道、湖泊等水域虽然没有明确定义，但传统的共域性质自然转化为公域了。相对于私域或私人产权属性而言，共域与公域的差别并不是很大。

人民公社时期，由于确立了权威的领导，建设了完善的组织框架，集体组织更擅长处理公共事务，即使是跨行政区的水利工程都可以组织起来，一般村落范围内的排涝、灌溉，以及门前港、河埠头的公共事务无疑更容易处理了。我们在伍村跟老人交流时，说到人民公社时期如果门前港有点什么问题——比如台风把一棵树刮倒在河道里影响航行时，老人不假思索地对我们说"生产队长叫几个人去弄一下就可以了"——公域内的问题有健全的体制机制去应对。

一些原来的村落共同体的规范，转化为集体组织的规范——人民公社时期更多是以纪律的形式呈现，则更加规范、清晰。如果私人侵占公域，不仅受到当时的意识形态的约束，也会受到相应的规则的约束或处罚。总体上，在人民公社时期公权重于私权，公域不仅取代了共域，也严重挤占私域。

1978 年开启的改革开放，特别是 1983 年农村普遍实行了家庭联产承包责任制以来，村落内的公权开始退缩小，而村民的私权开始扩展。包括主导农业生产到诸多公共事务的生产队组织解散，由生产队长演变过来的村民小组长的权、责也大为减少。土地从集体耕作的公地转变为"私地"①，而此时的水域出现了产权的模糊，传统的民间处理公共事务的组织和能力都已经弱化。后续乡村工业的高速发展，向水域排放污水的量也快速增长，因此，水域无论作为共域抑或公域，都缺少组织与监管。在特定的时期内形成了典型的"公地悲剧"。国家在 1998 年开启了太湖零点行动。2007 年太湖蓝藻事件之后环境治理工作得到了加强。经过持续的治理努力，我国的水体水质有了明显的改善，但环境治理实践过程仍有许多有待改进的方面，后续我们将以专文进行讨论。

---

① 法律上解读为集体土地，但农民除了不能买卖土地之外，拥有较大的处置权。农民也经常用诸如"土地分到户了"这样的话语表达他们与土地的关系，承包地在某种程度上接近"私地"了。

苏南地区生态转型下社会"自组织"的演变与思考[*]

宋言奇[**]

摘　要： 苏南地区在经济社会发展的同时，也在不断进行生态转型，体现在工业发展、农业发展、规划布局、环境质量诉求、治理主体、治理保障、治理视域等诸多方面。伴随着苏南地区生态转型，社会"自组织"，即社会力量的"自我组织"也在发生演变，自我维权型"自组织"从无序到有序；经济理性型"自组织"从"碎片"到系统；社会资本型"自组织"从封闭到开放；公益奉献型"自组织"从弱小到强大。社会"自组织"随苏南地区生态转型而不断演变，同时也在一定程度上推动了苏南地区的生态转型。当前需要从实施分类扶持、推进环境治理与社会治理一体化、强化环境信息公开等维度着手，引导苏南地区社会"自组织"的健康发展，使其在环境治理中发挥更大的作用。

关键词： 苏南地区　生态转型　社会"自组织"

---

* 本文是国家社科基金一般项目"苏南地区生态转型中的社会'自组织'研究"（项目号：21BSH160）的阶段性成果。

** 宋言奇，苏州大学社会学院教授，苏州大学东吴智库研究员，研究方向为环境社会学等。

苏南地区（江苏苏州、无锡、常州三市）是我国经济最为发达的地区之一，是江苏省乃至我国重要的经济板块。苏南地区在推动社会经济发展的同时，也在不断进行生态转型，至今方兴未艾。伴随着苏南地区生态转型，社会"自组织"参与环境治理的模式也在不断演变，同时也在一定程度上推动着生态转型。苏南地区生态转型体现在哪些维度？社会"自组织"产生哪些变化？从环境治理角度出发如何引导社会"自组织"的发展？本文对上述问题进行思考。

一　苏南地区的生态转型

改革开放后，苏南地区社会经济迅猛发展，创造了令世人瞩目的成就。改革开放伊始，苏南地区走上了"苏南模式"之路。"苏南模式"主要以乡镇企业为主，乡镇企业推动了苏南地区经济的高速发展。20 世纪 70 年代末，乡镇企业占苏南地区工业产值的 1/5；20 世纪 80 年代中期，占工业产值的 1/2；20 世纪 90 年代中期，占工业产值的 2/3。20 世纪 90 年代中期以前，苏南地区乡镇企业的工业产值一直在全国遥遥领先。1994 年，苏南地区乡镇企业的工业产值占全国乡镇企业的 1/6，"苏南模式"受到全国的关注。[①] 20 世纪 90 年代中期以后，苏南地区走上了"新苏南模式"之路，经济形式日益多元化，经济依旧高速发展。目前，苏南地区以占全国 0.18% 土地、占全国 1.18% 人口，创造出占全国 3.87% 的 GDP，经济发展模式值得关注。[②]

然而，在一段时间内，苏南地区经济成就的取得在某种程度上讲是以牺牲生态环境为代价的，造成了大量的环境问题。尤其是"苏南模式"，一度成为环境污染的"代名词"。20 世纪 90 年代中期至今，苏南地区开始生态转型，可以分为三个阶段。第一阶段，生态转型的探索阶

---

① 孙秋芬、任克强：《生态化转型：苏南模式的新发展》，《哈尔滨工业大学学报》（社会科学版）2017 年第 5 期。

② 作者根据《中国统计年鉴》以及苏州、无锡、常州三市统计年鉴数据计算所得。

段（1994～2006 年）。1994 年，国务院批准了《中国 21 世纪议程——中国 21 世纪人口、环境与发展白皮书》，可持续发展成为我国经济社会发展的重要战略。为响应可持续发展的号召，苏南地区开始生态转型，体现在经济社会发展的局部。第二阶段，生态转型的深化阶段（2007～2016 年）。2007 年，党的十七大提出了建设生态文明，为我国统筹经济发展与环境保护指明了方向，也为我国环境治理提供了强有力的保障。为响应生态文明建设号召，苏南地区加速生态转型，并全面渗透到经济社会发展的方方面面。第三阶段，生态转型的完善阶段（2017 年以来）。2017 年，党的十九大对生态文明建设提出了新要求，提出树立和践行"绿水青山就是金山银山"的理念，实行最严格的生态环境保护制度。[①] 为响应生态文明建设的新要求，苏南地区生态转型不断完善。当然，转型的过程比较复杂，各个层面的转型并不呈现时间上的同步性。总体归纳，近 30 年来，苏南地区的生态转型主要反映在以下几个方面。

（一）工业发展：从粗放到集约

从改革开放到 2010 年前，苏南地区的工业发展总体上是粗放型的，主要体现在三个方面。一是污染产业多。苏南地区主要以简单加工业为主，存在大量低技术水平与规模小的产业，加之当时各种污染处理设施不健全，高度耗费资源、严重破坏环境。苏南地区是水乡，很多污染物未经处理排入河流湖泊，导致水体严重污染。当时在苏南地区，很难能够找到一条干净的河流。太湖一度以占全国的 0.38% 的水域承纳了占全国 10% 的污染，明显处于超负荷状态。[②] 二是产业布局分散。尤其在农村，产业分散更为明显，村村办产业，"村村点火、户户冒烟"是"苏

---

① 《习近平：决胜全面建成小康社会　夺取新时代中国特色社会主义伟大胜利——在中国共产党第十九次全国代表大会上的报告》，中华人民共和国中央人民政府网，2017 年 10 月 27 日，http://www.gov.cn/zhuanti/2017 - 10/27/content_5234876. htm。

② 宋言奇：《高速城市化视域下的苏南地区生态安全一体化》，《城市发展研究》2007 年第 4 期。

南模式"的生动写照。一方面造成面源污染，另一方面也给污染处理带来很大难题。三是产业偏重。一方面，第二产业比重偏高。2012 年前，苏南三市的第二产业比重普遍偏高。以苏州为例，2012 年苏州第二产业占比 54.2%，同期上海为 39.4%，北京为 22.8%，南京为 44.0%，武汉为 48.3%。① 另一方面，重化工业比重高。以无锡为例，2006 年，在无锡的工业结构中，重化工业占比 74%；机械、纺织、冶金、化工、电子等五大传统产业的工业增加值，占全市规模企业工业增加值总量的 70% 以上。②

2010 年后，苏南地区的工业发展逐步走向集约，主要体现在以下方面。一是产业转型升级。苏南地区逐步淘汰高耗能低技术产业，推动高科技产业发展。高科技产业占工业总产值比重不断攀升。仅以 2004～2015 年为例，高科技产业占工业总产值比重从 27.3% 上升到 45.9%，平均每年提高 1.7 个百分点。③ 即使是制造业，也谋求以"智造"代替制造。二是"腾笼换鸟"。苏南地区不断提高环境标准，推动污染产业向外转移，由此腾出的空间用来发展新型产业。三是产业集中。苏南地区遵循工业向工业园区集中的宗旨，将工业集中布局，不仅有利于污染集中处理，而且有利于发展循环经济。四是产业变"轻"。苏南三市第二产业比重逐年下降，以苏州为例，2012 年第二产业占比 54.2%，2021 年降低至 47.9%。④

（二）农业发展：从分散到规模

从改革开放到 20 世纪末，苏南地区的很多村庄都是"经济复合体"，工农业并存。不少村庄都采用"工农并举、以工补农"的发展策

---

① 相关数据参见《苏州年鉴（2012）》《上海年鉴（2012）》《北京年鉴（2012）》《南京年鉴（2012）》《武汉年鉴（2012）》。
② 吴明华：《水危机下的苏南转型》，《决策》2007 年第 11 期。
③ 相关数据参见《苏州年鉴（2015）》《无锡年鉴（2015）》《常州年鉴（2015）》。
④ 相关数据参见《苏州年鉴（2012）》《苏州年鉴（2021）》。

略，即同一村庄内的村民既从事工业又从事农业，一般年轻的村民从事工业，年龄大一些的村民从事农业，村里统筹安排产业发展，从工业收入中抽出一部分补贴农业，实现平衡。虽然这种模式在一定程度上保护了农业的发展，但是农业总体上处于分散状态，村落之间对土地各自划包，农户之间各自独立，形成不了规模，因此农业规模化经营力度不大。

进入 21 世纪，苏南地区开始注重农业的规模化经营，推进"千亩农田""万亩农田"建设。这种转变主要基于两方面原因。一方面，随着城镇化的推进，苏南地区农田大量减少。以苏州为例，其耕地面积由 1980 年的 5611.44 万亩锐减到 2015 年的 312.13 万亩。[①] 农田资源弥足珍贵，因此，挖掘现有农田资源潜力，推动农业规模化经营是务实选择。另一方面，在人多地少、经济发达的苏南地区，农田资源不仅具有经济价值，还具有重要的生态价值。农业规模化经营能带来较高的生态效益，自然也就成为各级政府的理性选择。

为了推动农业的规模化经营，苏南地区给予了一定的政策支持。如2010 年苏州出台的《中共苏州市委 苏州市人民政府关于建立生态补偿机制的意见（试行）》规定，加强基本农田保护，根据耕地面积，按不低于 400 元/亩的标准予以生态补偿。同时，在水稻主产区，对连片1000～10000 亩的水稻田，按 200 元/亩予以生态补偿；对连片 10000 亩以上的水稻田，按 400 元/亩予以生态补偿。[②] 同时苏南地区也采取措施推动土地流转，采取出租、转包、入股等形式，激发农业园区、农业龙头企业等市场经营主体参与土地流转，并给予一定的补贴。

（三）规划布局：从混乱到合理

苏南模式中，苏南地区的规划布局比较混乱，不利于环境保护。一

---

① 马国胜、袁卫民：《苏州"十三五"都市型现代农业发展路径选择研究》，《江苏农村经济》2017 年第 1 期。

② 《中共苏州市委 苏州市人民政府关于建立生态补偿机制的意见（试行）》（苏发〔2010〕35 号）。

是缺乏系统性的功能分区，未能按照土地的生态适宜度进行布局；居住用地、工业用地、商业用地等较为混杂，有些工业用地紧邻居住区，导致居民的健康受到影响。二是工业企业分布非常分散，"村村点火、户户冒烟"，不利于污染物的集中处理。

20 世纪 90 年代中期后，苏南地区注重规划的科学性，利用规划推动环境保护。一是实施生态功能分区。以苏州为例，确定优化开发、限制开发、禁止开发三类功能分区。同时，苏州出台生态红线区域保护规划，划定 11 类 110 块保护区，生态红线区域面积达到 3258.7 平方公里，占苏州总面积的 38.39%，为全省最高。① 二是推进"三集中"，即工业企业向规划的村镇工业园区集中，农业用地向规模农业集中，农民向新型社区集中。② "三集中"契合苏南地区的实际，节约了土地资源，提高了土地利用效率，保护了生态环境。三是进行农村分类。例如苏州把农村社区细致地分为城市社区型、集中居住型、旧村改造型、生态自然型、古村保护型五种类型，尤其对生态自然型以及古村保护型两种农村社区采取了审慎的态度。这些自然村落和原生态的乡土环境适应了千百年来人们的农耕生产和日常生活的需要，始终与大自然保持着最为和谐的关系，它们既是一种自成体系的生态圈，同时也是苏州整体山水生态系统的不可或缺的组成部分。③ 苏州尽力保护这两种类型的农村社区，实现生态与文化的"双赢"。

（四）环境质量诉求：从重点到综合

2010 年前，苏南地区环境改善的重点在于大气与水两个重点领域，围绕"碧水"与"蓝天"做文章。之所以重点在这两个领域，主要基于两个原因。一是苏南地区当时的主要环境问题就是大气污染与水污染问题。大多数产业都产生气体污染，产业体量大，导致大气环境保护

---

① 苏州市人民政府：《苏州市生态文明建设规划（2010—2020 年）》。
② 苏州市人民政府：《苏州市生态文明建设规划（2010—2020 年）》。
③ 苏州市人民政府：《苏州市生态文明建设规划（2010—2020 年）》。

压力极大。另外，苏南地区水系比较发达，企业污染物排入江河湖泊，造成了严重的水污染。二是当时受发展阶段限制，环境治理只能做到"雪中送炭"，无法实现"锦上添花"，因此治理重点在大气与水两大"显性化"领域，也就在情理之中。

2010 年后，苏南地区在注重大气与水等重点领域的同时，开始关注环境质量的综合性。保护水环境、保护大气环境、科学处理垃圾、保护生物多样性、保护湿地等，"多管齐下"。之所以出现这一变化，主要是因为随着环境保护的深入，人们对美好环境的需求不仅局限在"雪中送炭"层面，也开始深入"锦上添花"层面。一些在以往很少被关注的领域，也逐渐成为"显性"话题。以生物多样性保护为例，这一议题在 2010 年前极少受到关注，2010 年后不断得到重视，"生态好不好，关键要看鸟"成为环境保护的重要理念。比如从 2012 年起，苏州工业园区持续开展生物多样性调查及保护工作，通过全面的摸底调查，掌握区域物种资源现状；系统评估区域内的生物多样性信息，特别是对于一些珍稀濒危物种、外来入侵物种等，更是重点关注。再以湿地保护为例，联合国环境规划署权威研究数据显示，1 公顷湿地生态系统每年创造的价值高达 1.4 万美元，是热带雨林的 7 倍，是农田生态系统的 160 倍。[①] 苏南地区目前耕地较少，在城市化的推进中，高度重视湿地的生态价值。为了保护湿地，苏州市政府于 2012 年 2 月正式实施了《苏州市湿地保护条例》，首次将永久性水稻田等具有特殊保护价值的人工湿地纳入保护范围，同时将长江滩涂等滨水地带也纳入了湿地保护范围，并给予经济上的大力支持。[②]

（五）治理主体：从单一到多元

在党的十七大提出生态文明建设之前，苏南地区环境治理主体比较

---

① 张大勇：《理论生态学研究》，北京：高等教育出版社，2002 年，第 52 页。
② 杨婷婷：《江苏环保事业发展的五大"亮点"》，《安徽农业科学》2015 年第 21 期。

单一，过于依赖政府干预，社会力量的作用空间较小。环境问题化解方式主要是根据居民的举报，政府着手调查企业排污，之后勒令企业整改等，导致环境管理部门负担较重，而且由于社会力量参与不足，透明性难以保障，处置效率也难以让居民满意，由此经常引发一些矛盾事件。

党的十七大提出生态文明建设之后，苏南地区各级政府注重环境治理的多元化，采取多种措施调动市场、公众、社会组织的力量，实现多元治理。一是打造公众参与的平台与载体。政府为公众提供环保热线、听证会、网站、社情民意日、民意直通车等途径，吸引公众参与到环境治理之中。二是吸收社会资金投入环境治理。在农村污水治理、垃圾发电等领域，苏南三市多采用公私合营模式（Public-Private-Partnership, PPP）开展环境治理，既减轻了地方财政负担，又有利于调动民间资本投入的积极性。三是实施伙伴计划。比如苏州工业园区实施了环境管理合作伙伴计划，由政府部门、优秀企业的行业专家、被辅导企业、第三方机构等多方合作，帮助中小企业提升环境治理能力，为企业解决难题。[①] 四是实施购买服务。在环境治理中，苏南三市按照"把合适的事交付给合适的人"的原则，把部分环境治理的事务通过购买服务的形式，委托给社会组织以及企业去做。苏州工业园区更是实施了"一体化托管服务模式"。管委会把城镇给排水、再生水、餐饮和园林绿化垃圾、垃圾分类回收、危废收集处置、固废处置及资源化利用、污泥干化处置及热电联产资源化利用等，"一揽子"交给擅长处理上述问题的国资公司托管。

（六）治理保障：从"运动"到常态

党的十七大提出生态文明建设之前，苏南地区热衷于开展"运动式"的环境治理，比如"百日实现河道清澈""年底恢复碧水蓝天"

---

① 时应征、王冠楠：《多元共治提升工业园区环境治理能力》，《中国环境报》2020 年 3 月 24 日。

等。"运动式"的环境治理虽然可以快速动员资源，在某些领域能够短时间见效，但是对于环境治理的社会性关注不足。因此环境治理的社会基础相对薄弱，难以完全被公众接受与认同。

党的十七大提出生态文明建设之后，苏南地区不仅注重"运动式"的环境治理，也注重常态化治理，注重环境治理与社会治理的耦合，全方位倡导环境治理的习惯化乃至生活化，注重把环境治理与人们的生产观念、技术观念、生活观念、生活习惯结合起来，筑牢保障机制。近年来，苏南地区兴起的农民集中盆栽就是例证。苏南地区从农民集中居住伊始，毁绿种菜问题就困扰着各级政府与社区工作人员。农民习惯了种植，突然改变了生活方式很不习惯。部分人就在集中居住社区的公共草地里种菜施肥，不仅破坏了社区绿化，也影响了邻里关系，引发邻里矛盾。起初工作人员采用"堵"的方法，居民种了菜，他们就把菜拔了"复绿"。但是居民又会"卷土重来"。后来工作人员转变策略，变"堵"为"疏"，将环境治理与社会治理有机结合，利用社区空地与大阳台，鼓励居民进行盆栽种植，打造居民（失地农民）的筑绿园。苏州的一个农民集中居住社区更为典型，迄今共开创了 4 个版本。"1.0版本"鼓励居民进行盆栽种植。"2.0版本"聘请顾问指导居民种植盆栽。当时苏州正兴起公益创投项目与社区党建为民服务项目，于是该社区就农民集中盆栽进行项目申报，获得了资助。有了资金支持，可以外聘专家指导居民种植盆栽。"3.0版本"是鼓励团建。在资金的支持下，从事盆栽种植的居民外出搞"团建"，增进了彼此的友谊，也开阔了视野，居民也从种植盆栽过渡到参与社区治理，帮助居委会做事情。"4.0版本"是把种好的菜送给社区贫困户。这一举措更深化了盆栽种植的社会内涵。

（七）治理视域：从"独善其身"到"区域一体"

从改革开放到 20 世纪末，苏南地区生态治理是地域分割的。各级行政区域都"独善其身"，"各管自家门前雪"，各级行政区域的环境协调都比较少，"上游排污，下游遭殃"的现象时有发生。经济利益优先与地域保护主义，更加剧了污染转移。地域分割与污染转移还产生了不少冲突。冲突不仅发生在苏南地区不同行政区域之间，甚至出现了跨省纠纷。

进入 21 世纪，苏南地区开始注重区域环境治理一体化，强化不同行政区域的沟通协调，通过信息沟通、联席会议、制度统一、联合执法等途径，实现了环境治理从"独善其身"到"区域一体"的转变。苏南地区还把环境治理的视域提升到长三角区域高度，积极融入长三角区域环境治理一体化。苏州市吴江区更是与上海市青浦区以及浙江省嘉兴市嘉善县联手，打造长三角绿色一体化发展示范区。示范区面积约2300 平方公里（其中 5 个镇作为先行启动区），成为区域生态治理作为一体化的"试验田"与"窗口"。

二 生态转型中社会"自组织"模式的演变

社会"自组织"，即社会力量的"自我组织"，一直是环境治理中的重要力量，是除了政府与市场之外的"第三种力量"，在环境治理中发挥了重要作用。世界环境保护的实践表明，环境保护不仅要依靠市场（将产权私有化）和政府（国家统一管理），也要靠社会"自组织"，这是资源可持续利用、经济可持续发展以及居民环境权益得以保障的关键所在。伴随着生态转型，苏南地区的社会"自组织"也发生了深刻的变化，主要体现在：自我维权型"自组织"从无序到有序；经济理性型"自组织"由"碎片"到系统；社会资本型"自组织"从封闭到开放；公益奉献型"自组织"从弱小到强大。社会"自组织"随着苏南地区生态转型而不断演变，同时也在一定程度上推动了苏南地区的生态转型。

（一）自我维权型"自组织"：从无序到有序

自我维权型"自组织"是主体为了维护自身的环境利益而组织起

来的，主线是主体自身的环境利益。我国台湾学者萧新煌教授曾经将环保运动分为两种模式。一是"世界观模式"，是由对地球的健康和平衡的考虑而触发的。二是"污染驱动模式"，与环境恶化及被害者生存有密切的关系，是被特定的事件所激发而产生的。[①]"污染驱动模式"的主要机理是快速的工业化尤其是污染行业的发展，经常导致环境污染事件发生并且危害受害者的健康与生存，当事人被迫奋起反抗而引发的。[②]自我维权型"自组织"模式与"污染驱动模式"在内涵上具有相似性，但自我维权型"自组织"模式并不是都以环保运动的形式体现出来。

2010年以前，苏南地区自我维权型"自组织"较多。由于环境治理不到位，苏南地区环境问题较为普遍，尤其是企业污染影响了居民生活，居民"自我组织"起来进行抗争保护自身权益。但是总体而言，当时的自我维权型"自组织"处于一种无序化状态，主要体现在三个方面。一是缺乏长效性。居民维权的目的性非常强，就是解决他们自身的问题。至于企业的偷排、管理的漏洞、制度的合理性并不是居民关心的问题。甚至只要企业不影响居民的生活即可，哪怕搬到附近其他地区继续排污，居民也不会特别关心。二是组织化程度低。居民围绕自身利益自发组织起来，以群体的力量抗争企业排污，具有一定的即时性，一旦问题解决，群体就会自动解散。三是认知具有局限性。居民对污染的认知是片面的，只能根据表象进行判断，缺乏系统性。比如污染影响了庄稼，他们就会围绕庄稼与企业博弈，而当污染影响到人的健康时，他们又会围绕健康展开博弈。这使得自我维权型"自组织"处于一种"碎片化"状态，且呈现较高的反复性。

2010年后，随着苏南地区的生态转型，自我维权型"自组织"发

---

① 萧新煌：《70年代反污染自力救济的结构与过程分析》，台北：台北环境保护署，1988年，第130页。

② 萧新煌：《70年代反污染自力救济的结构与过程分析》，台北：台北环境保护署，1988年，第130页。

生了变化，开始走向有序化。一是注重长效性。居民不仅关心即时利益，而且关心长远利益，探索从根源上解决问题。二是加强组织化。部分自我维权型"自组织"在问题解决后，并没有解散，而是成立了组织，致力于长期维权并帮助政府进行环境治理。三是提高了认知水平。居民的环境知识水平与环保意识都大大提高，因此维权水平也大大提高。汀兰环境理事会与绿色江南就是两个典型案例。

汀兰环境理事会所在的苏州汀兰社区是一个农民集中居住社区。社区的旁边就是工业集中区。2014 年以前，有企业偷排污染物，影响了居民的健康。居民们尝试抗争，但是"单打独斗"的方式并不奏效。居民尝试组织起来抗争，自发成立了社区环境理事会，通过圆桌会议、企业开放日等形式，监督企业排污。社区环境理事会还在社区开展各种活动，提高居民的环保意识。

绿色江南是一家对企业污染排放进行监控、取证与检测等的环保组织，总部在苏州。负责人在维权过程中萌发了成立环保组织的想法，最终绿色江南应运而生。迄今为止，绿色江南监督了数万家污染企业，推动企业利用至少 5 亿元修复生态环境。仅 2013 年该组织就做了 4 件大事。一是和其他民间环保组织一起曝光了某大型公司的污染数据，促使该公司花 1 亿多元去治理受到污染的河流。二是曝光了某大型公司污染河流的数据，并且监督其对污染进行整改，使河流水质恢复原状。三是参与开展太湖流域高排放企业名单发布会，公布包括镇江、常州、溧阳等地区的高污染排放企业。四是和其他 4 家环保组织共同发布《谁在污染太湖流域？》调研报告。经过近 7 个月的调查，他们发现太湖流域的数十家企业违规排污，重金属超标近 200 倍。此调研报告发布后引起了政府及社会各界的高度关注。[①]

自我维权型"自组织"之所以发生变化，与苏南地区生态转型是

---

① 宋言奇：《我国民间环保社会组织的模式分析及其扶持策略》，《青海社会科学》2016 年第 2 期。

密切相关的。一是环境治理主体发生变化，不是政府"单兵作战"，而是实现多元参与。政府利用各种渠道鼓励公众参与，调动了居民长效性维权参与的积极性。二是苏南各级政府追求综合型环境质量，人们对环境质量有了越来越高的要求，居民可以参与的领域更为广泛，维护环境权益的界限愈加清晰，自我维权的内涵发生了极大变化，参与也成了一个"无止境的过程"，例如以前局限在参与企业污染监督，现在广泛参与生物多样性保护、河道治理、垃圾分类等。三是随着社会建设的推进，治理保障从"运动"演化为常态，"保护环境成为一种生活方式"，这对自我维权型"自组织"的演变也起了推动作用。

自我维权型"自组织"随苏南地区生态转型而发生变化，反过来也推动了苏南地区的生态转型。以往自我维权型"自组织"的行动往往浅尝辄止，影响效果有限，对政府制定政策帮助不大，对企业也约束不足。据笔者的口述史调查，2010 年以前的企业只关心"转移"，"一个地方闹得太厉害待不下去就换一个地方"。而现在企业真正关心转型，因为"有一只眼总是在盯着你"。在推动苏南地区生态转型的过程中，绿色江南起了重要作用，其对污染源持续监测，将数据报告给政府，督促企业转型；将数据报告给民众，使污染企业面临威信下降的危机，"倒逼"企业自律。另外，绿色江南不仅致力于苏南地区的污染监督与检测，其业务也已经辐射长三角区域乃至全国范围，这对生态转型的意义更大。

（二）经济理性型"自组织"：从"碎片"到系统

经济理性型"自组织"是主体为了自身经济利益而组织起来形成的，主线是经济理性，主体希望自己收益大于成本。美国著名学者奥斯特罗姆就是围绕经济理性型"自组织"开展研究的。其主要研究一群相互依存的人围绕一种公共资源，产生的个人理性与集体理性的博弈，如果任由个体理性发挥，将导致集体的非理性选择，形成"公地悲剧"，每个个体都将深受其害。在这种情况下，具有理性的人能够自我组织起来，通过自主制定规则、实施规则并成功进行监督，完成自我组织与自我治理，克服"搭便车"、回避责任等机会主义诱惑，保护资源的可持续利用，避免"公地悲剧"。个体之间合作的动机就是理性，希望自己收益大于成本，但在集体行动中，收益大于成本的唯一途径就是合作，于是理性的人最终选择了合作，建立了制度，约束了个体的投机行为。①

苏南地区经济理性型"自组织"最早呈"碎片化"状态。在工业领域，经济理性型"自组织"比较少见，因为企业保护环境无利可图。尽管从长远来看，保护环境与经济发展的目标是一致的，保护环境实际上有利于维护经济利益，但这条原则有时空上的局限性。从空间维度上看，因为博弈主体众多，所以保护环境与经济发展的耦合性在单个企业身上不一定体现出来。反而因为"囚徒困境"造成悖论，"我保护环境推动了别人经济发展"。从时间维度上看，保护环境与经济发展也不对称，可能当代人保护了环境，经济发展受益的是后代人。时空上的局限性正是环境治理的难点所在，这需要合理的制度安排等予以破解。但在 2010 年以前，苏南地区又无破解措施。因此，对于当时的企业来讲，"保护环境就是赔钱，不上算"。在农业领域中，存在部分经济理性型"自组织"的案例。根据调研，当时有部分农村的农民"自我组织"起来，形成了循环农业模式。比如收割秸秆做成饲料，利用饲料养羊，羊的粪便制成肥料还田，整个过程实现了循环，把本来是废弃物的秸秆与羊粪全部资源化。当然这需要集体的力量，一家一户经营成本很大，只有若干户组织起来才有利可图。但是农业领域的经济理性型"自组织"还处于零散状态，并不系统。

随着苏南地区的生态转型，经济理性型"自组织"出现了变化，向系统化状态发展。尤其 2010 年以后，这一趋势更为明显。在工业领

---

① 埃莉诺·奥斯特罗姆：《公共事务的治理之道》，余逊达译，上海：上海三联书店，2000年，第 141～160 页。

域,很多企业在内部"自组织"开展环境保护。例如苏州某大企业员工自发组织起来开展垃圾分类,并把果皮、咖啡渣等垃圾发酵转化成有机肥料,利用厂区空地种植瓜果蔬菜形成"小农场",利用厨余肥料滋养农场作物,同时由员工以认领的形式负责作物的种植。企业之间的"自组织"更为普遍。比如苏州工业园区中有一部分有需求的企业自发组成了苏州工业园区 EHS(环境与健康协会),开启了环境保护、职业安全与健康管理方面的合作,现已经发展会员单位 800 多家。在农业领域,经济理性型"自组织"更是如火如荼地发展起来,围绕养殖、秸秆利用、耕地规模集约利用等的"自组织"不断涌现,在推动农村经济发展与促进农民富裕的同时,对农村环境保护也起到了非常关键的作用。

经济理性型"自组织"发生变化,与苏南地区生态转型是息息相关的。苏南地区生态转型改变了利益主体的理性,促使其在生态文明框架下重新定位经济理性,实现了经济与生态的耦合。一是在生态转型中,苏南地区高度激励环境保护,对企业环保行为以及合作组织环保行为予以税收、贷款等方面的诸多支持,对污染企业形成了多重"高压"。在这种情形下,"保护环境有利可图,破坏环境死路一条"。这使得企业与社会组织注重经济与生态的同步性,注重在经济发展中考虑环境要素。二是在生态转型中,人们的环境理念也发生了重大变化,保护环境的企业赢得了好名声,破坏环境的企业则"声名狼藉",这种名声对企业的可持续发展影响很大,企业从可持续发展角度愿意保护环境。国外的研究已经证实了这一问题,在营销领域比较有影响力的企业,更愿意选择 ISO14001 标准,向公众表明自己的环境友好态度。[①]

经济理性型"自组织"随苏南地区生态转型而发生变化,反过来也推动了苏南地区的生态转型。在工业领域,企业之间的"自组织"

---

① Jodi L. Short and Michael W. Toffel, "Coerced Confessions: Self-Policing in the Shadow of the Regulator," *Journal of Law, Economics, & Organization*, Vol. 24, No. 1, 2008, pp. 45 – 71.

推动了企业的转型，像苏州工业园区 EHS 协会就自发组织了多次环保制度、安全知识、健康管理等方面的宣传活动，搭建企业与政府、企业与企业之间环境治理交流的桥梁，很好地推动了企业生态转型。在农业领域，许多合作组织也积极推动生态转型。比如大量的土地合作组织通过宣传动员、示范引导、能人协调等，推动农业土地流转。苏南地区土地流转推进得较为顺畅，离不开合作组织的努力。

（三）社会资本型"自组织"：从封闭到开放

社会资本型"自组织"主要是基于社会资本而组织起来的，主线是社会资本，主要包括信任、友谊、互惠、面子等。社会资本型"自组织"的机理是社会资本调控人们的环境行为，从而使主体的环境行为有利于环境保护。社会资本型"自组织"过去是我国传统农村环境保护的主力军，多聚焦社区公共资源利用，具有一定的封闭性。传统农村乡土社会空间较小，个体的交往空间与人际关系基本上局限于社区范围之内。在这种"熟人社会"的场域中，不是依靠制度调控，而是主要依靠信任、友谊、互惠、面子等"社会货币"来调控人们的行为。对于破坏公共资源的行为，可能也有一些经济上的处罚措施，但是往往力度很小。个体的环境行为主要还是受制于人际网络。信任、友谊、互惠、面子等"社会货币"有助于打破"囚徒困境"，使个体理性与集体理性相一致。

21 世纪以前，苏南地区的农村很大程度上沿袭了传统农村环境保护社会资本型"自组织"，这与当时苏南地区传统农村社区尚未大规模被破坏是息息相关的。因此在苏南农村地区，社会资本型"自组织"具有与传统农村"一脉相承"的机理。河水利用就是一个例子。河水是公共资源，关于河水的利用，就是依靠信任、友谊、互惠、面子等进行"自组织"。比如村中的河流，上游不宜乱扔脏污物，导致饮用水变脏而影响他人。虽然没有明文与强行规定，但是一旦违反，就会伤"和气"。当然，在"苏南模式"下，苏南地区还衍生了"反生态"社会资本型"自组织",即村庄社会资本非常雄厚,但不是用来保护环境,而是破坏环境,村民依靠信任、友谊、互惠、面子等,从事污染产业,社会资本与可持续发展背道而驰。

随着苏南地区的生态转型,社会资本型"自组织"出现了变化,逐步走向开放。一是"四治融合"。目前在绝大多数社区,不是仅仅依赖社会资本,而是自治、德治、法治、智治等共同发挥作用,合力助推环境治理。德治聚焦社会资本,法治聚焦制度资本,智治聚焦科技手段,社会资本、制度资本、科技手段等相互依托、相互支撑。比如在社区垃圾分类中,不仅强调制度资本,依靠规章进行管理,而且强调社会资本,利用党员上墙、五好家庭评比、不分类行为曝光等途径进行管理;另外强调科技手段,利用监控摄像等技术辅助管理。二是与经济手段相结合。比如在社区中实施环境管理积分制,一方面依靠舆论、面子等"社会货币"进行管理,另一方面也给予适当的物质奖励,调动居民的积极性。

社会资本型"自组织"之所以发生转变,与苏南地区生态转型是息息相关的。一是从 20 世纪伊始,苏南地区开始推行农民集中居住,集中居住直接导致农村社区的解体,若干个农村社区合并为一个农民集中居住社区,社区的社会资本有所变化,不能过于依赖既往封闭性的社会资本。二是随着生态转型,苏南地区环境治理的视域从"独善其身"迈向"区域一体"。传统社区社会资本具有封闭性的特点,难以适应现代环境治理开放性的情境,二者之间形成了一定的矛盾。环境治理出现新形势,客观上需要有相对开放的社会资本,这也促发了社会资本型"自组织"的转变。

社会资本型"自组织"随苏南地区生态转型而发生变化,反过来也推动了苏南地区的生态转型。社会资本的不断开放推动了更多的公众参与环境治理,夯实了社会基础,同时丰富了环境治理手段,为跨区域的环境问题的解决奠定了基础。

（四）公益奉献型"自组织"：从弱小到强大

公益奉献型"自组织"是主体基于"利他主义"组织起来保护环境形成的，主线就是利他主义，这种模式与萧新煌教授提出的"世界观模式"有相似之处。萧新煌教授的"世界观模式"是出于对地球的健康和平衡的考虑而触发的环境运动，是为人类社会整体与长远考虑，本质上就是一种利他主义。

21 世纪以前，苏南地区的公益奉献型"自组织"处于弱小状态，主要涉及领域就是日常捡捡垃圾。据调研，苏南地区在 20 世纪末就有从事捡垃圾的公益群体，这些群体利用旅游中的休憩时间或者休息日，自发清理垃圾。公益奉献型"自组织"之所以处于弱小状态，主要在于两个方面。一是"苏南模式"所处的历史时期，我国公众的环境意识还不成熟，社会建设尚未到位，环保志愿服务也处于萌芽状态。1991 年 4 月 18 日，我国第一家民间环保组织——辽宁盘锦的黑嘴鸥保护协会成立，拉开了民间环保组织以及公益奉献型"自组织"的序幕。但一直到 20 世纪初，整个中国民间环保组织主要做的事就是"观鸟、种树、捡垃圾"。二是当时经济发展是重心，环境保护大多为经济让步。政府虽然倡导居民参与环境治理，但是缺乏制度保障，因此公众难以参与到环境决策、环境监督等深层领域，只能局限在"观鸟、种树、捡垃圾"等相对简单的事务之中。

随着苏南地区的生态转型，公益奉献型"自组织"逐步强大，目前活动领域遍布垃圾分类、河道治理、环境规划、环境设计等，例如很多社区都有从事爱河护河与垃圾分类的公益奉献型"自组织"，为环境治理做了大量奉献，使环境治理日益走向"生活方式化"。部分公益奉献型"自组织"从公益起步，转型为政府购买。笔者曾调研苏州一家社会组织，发起人是一个全职妈妈，开始时致力于儿童与青少年环境科普。苏州市政府于 2011 年、2013 年分别颁布了《关于进一步加强全市社会组织建设的意见》《关于加快推进全市社会组织健康发展的若干意见》，加大政府购买社会组织服务的力度。笔者调研的全职妈妈在政府购买的影响下，联合了很多志趣相投的热心人士，成立了社会组织，致力于开展与生态环保相关的公益性服务。当然，苏南地区目前很多公益奉献型"自组织"与这个组织具有相似的经历，都源于政府购买的激励。

公益奉献型"自组织"的发展壮大，与苏南地区生态转型息息相关。一是得益于治理主体从单一到多元的转变，政府积极推动公众参与，到后来政府购买的加强，大大推动了公益奉献型"自组织"的发展。二是伴随着苏南地区的生态转型，人们的生活水平不断提升，环境意识不断增强。按照马斯洛的需求理论，人们会产生更高的需求，推动公益奉献型"自组织"领域、规模、层次等方面的不断发展。

公益奉献型"自组织"的发展壮大，反过来也推动生态转型。比如环保法规的制定就是很好的证明。苏南地区很多环保法规的制定中，都有公益奉献型"自组织"的参与。以苏州为例，在垃圾分类、养犬管理条例、三山岛立法调研等关系到环境治理的法规中，都离不开公益奉献型"自组织"的付出。

三　引导社会"自组织"健康发展

社会"自组织"随苏南地区生态转型而演变，同时也在推动苏南地区的生态转型，在苏南地区环境治理中发挥了重要作用。如何更好地利用社会"自组织"，进一步激发其潜能，让其在苏南地区环境治理中"大显身手"，从而更好地推动生态文明建设，是接下来比较关键的问题。为此要从实施分类扶持、推进环境治理与社会治理一体化、强化环境信息公开等维度着手，引导社会"自组织"的健康发展。

（一）实施分类扶持，为社会"自组织"健康发展指明方向

正如前文所提，在环境治理中，社会"自组织"不是同质性的，而是可以划分不同类型的。只有加强社会"自组织"的分类研究，掌

握每种模式的产生背景与演变趋势，才可以有的放矢地进行扶持，更有针对性与方向性，使其在生态文明建设中的作用充分发挥。奥斯特罗姆的研究主要针对经济理性型"自组织"，并总结了成功的八个条件：如清晰界定边界；使占有和供应规则与当地条件保持一致；集体选择的安排等。① 我国学者的研究主要集中在社会资本型"自组织"，② 关于经济理性型"自组织"与公益奉献型"自组织"的研究还比较少，尚待进一步加强。

自我维权型"自组织"始于维权，当事人为了维护自身的环境权益而组织起来。因此要因势利导，利用这一特点开展扶持。一是调动居民参与。居民参与动机多种多样，基于自身维权动机的参与解决的是居民自身面临的问题，因此更能调动主体参与的积极性。政府要利用这一"切入口"做足文章，引导居民参与环境治理。在这一过程中，当事人可以解决自身问题，而政府可以借此推动公众参与，发挥民智与民力，一举两得。二是助推自我维权型"自组织"升级，发挥更大的作用。自我维权型"自组织"主旨是当事人的环境利益，属于利己主义。我们可以加以引导，促进环境权益向群体化与长远化方向发展，推行利己主义与利他主义结合，助推自我维权型"自组织"向公益奉献型"自组织"转型。三是加强孵化。对于部分自我维权型"自组织"，完全可以对其进行孵化，使其成为政府环境治理的"有力助手"。我国不乏这方面的例证，很多出色的环保组织最早就是由维权而生，后来成为政府的得力助手，在环境治理中发挥了重要作用。

经济理性型"自组织"始于主体自身经济利益，主体基于成本收益角度平衡经济发展与环境保护。对此要政策引导与搭建载体并举，进

---

① 埃莉诺·奥斯特罗姆：《公共事务的治理之道》，余逊达译，上海：上海三联书店，2000年，第 109～122 页。
② 古开弼：《我国南方少数民族保护自然生态与资源的民间规约述略》，《古今农业》2004年第 4 期；吴雅芝：《从神话传说和风俗习惯看鄂伦春人的自然生态观》，《中央民族大学学报》2004 年第 4 期；马晓琴、杨德亮：《地方性知识与区域生态环境保护》，《青海社会科学》2006 年第 3 期。

行扶持，激励其在环境治理中有所作为。一是利用政策引导，调动主体的经济理性。对于企业，进一步加大激励与惩罚措施，不仅要"让保护环境有利可图"，更要"让破坏环境无容身之处"。对于农村合作组织，可以采取以下措施进行激励。对有"正外部性"的合作组织，如从事生态农业、秸秆沼气化等的合作组织，直接给予财政补贴；实行梯度减免税收政策，细化减免税收标准，把生态环境效益作为减免税收的一个重要指标，激励合作组织开展环境治理工作；设立"生态奖励基金"，通过相关的生态环境效益评估，对在环境治理中贡献突出的合作组织予以奖励；对部分致力于环境保护的合作组织，可以考虑将其培育成示范基地，通过媒体推广其经验；进一步加大购买项目的范围，如河道清理、乡村绿化、排污设施维护等，可以交由符合条件的合作组织来做。① 二是搭建平台，帮助企业开展"自组织"。企业主体可能会出现"集体行动的困境"，难以"自发组织"。在这种情况下，政府可以适当进行引导，担当"发起者"与"使能者"角色，或者委托第三方引导企业间加强合作。待企业"自组织"运行进入正轨，政府再退出。工业园区 EHS 协会就是一个很好的例证，该协会虽是企业自发形成，但是由于企业数量众多，在沟通协调方面面临很多难题，成本很大。政府出面帮助搭建平台、开展政策支持、进行宣传引导，帮助协会逐步走上"自组织"道路。

社会资本型"自组织"始于特定的历史环境，以社会资本为基础开展活动。要结合当前的社会建设进行扶持。一是加强社区建设，营造"熟人社会"。社会资本很大程度上是以"熟人社会"为基础的，因此加强社区建设非常关键。二是进一步实施"四治融合"。必须看到，随着城市化的推进，原有封闭性的社会资本模式难以为继，为此必须进一步通过"四治融合"，尤其是德治与法治有机结合，推动社会资本型

---

① 宋言奇：《利用专业合作组织推进农村社区环境治理》，《中国社会科学报》2019 年 5 月 8 日。

"自组织"发挥作用。在这个过程中，要以制度资本（法治）推动孵化社会资本（德治）。要构建合理的制度，因为在合理科学的制度资本下，社会网络得以拓展，社会信任得以加强，这方面的案例比比皆是。

公益奉献型"自组织"始于利他主义，要抓住这一根本，进行扶持。一是给予个性化激励。尽管主体出于利他主义参与环境治理，但是具体的需求也是千差万别的，要给予个性化的激励，调动主体的积极性。二是加强培训。主体仅有利他主义动机是不够的，并不一定能够很好地参与环境治理工作。还需要提高参与者的技能，为此有必要对参与者加强培训。三是加强购买服务。对于一些公益奉献型"自组织"，可以转化为政府购买，更好地发挥其作用。

（二）推进环境治理与社会治理一体化，为社会"自组织"健康发展开辟路径

为了更好地利用社会"自组织"，还需要推进环境治理与社会治理一体化。环境治理与社会治理是息息相关的，环境治理的根本在于社会治理，① 世界上还鲜有社会治理不利但环境治理良好的案例。只有民众的环境意识提高，社会发育程度较高，环境治理才会有根本保障。推进环境治理与社会治理一体化，可以更好地为社会"自组织"健康发展开辟路径。

几种"自组织"的产生与演变，均与社会治理息息相关。自我维权型"自组织"的发展演变与社会治理紧密联系。在社会建设尚未成熟时期，自我维权型"自组织"多以群体事件的形式出现，当社会治理不断深入时，人们有了更多的表达渠道，自我维权型"自组织"才会走向理性化与长效化。社会资本型"自组织"本身就是社会治理的产物，其实质是一种德治，社会资本调控人们的环境行为。当社会变得更加开放时，需要更大层面集聚社会资本，需要德治与法治等有机结

---

① 廖晓义：《中国乡村环保关键在于乡村建设》，《农村工作通讯》2012 年第 3 期。

合，需要在更高层面上统筹社会治理。公益奉献型"自组织"与社会治理关系更为紧密。随着社会治理的不断深入，公益奉献型"自组织"日益壮大，这是社会发展的必然趋势。经济理性型"自组织"与社会治理也有很强的关联。且不论其他方面，仅就一点而论，当社会治理达到成熟程度时，人们会产生对绿色产业产品的热爱以及对污染产业产品的厌恶，这会"倒逼"企业调整自身的理性，迎合人们的这种喜好。

那么如何推进环境治理与社会治理一体化？就是把环境治理融入社会治理之中，寓环境治理于社会治理。一是利用社区协商民主推进环境治理。当下协商民主成为我国社区建设中的热点议题，各社区都在如火如荼地推进，要利用好社区协商民主平台，实现社区环境事务的"民议民决"；要利用环保圆桌对话平台与网上信息沟通平台等，化解环境治理中的矛盾，贡献公众的环保智慧。二是利用社区委员会建设推进环境治理。目前在社区党组织领导下，依托社区居委会和社会工作站，不少社区按照服务管理业务领域，分别建立以居民为主的社区协商、人民调解、公共卫生、群众文化、社区养老等各类下属专业委员会，负责各专业领域发展规划、组织培育、资源整合、居民自治、协商议事等工作。在居委会下设环境委员会，也是推进环境治理的一条有效途径。三是利用志愿服务平台推进环境治理。目前在我国社会建设中，大到城市，小到社区，都有志愿服务平台。可以充分利用志愿服务平台，鼓励环境治理类志愿服务。四是利用社会组织孵化推进环境治理。为提高我国社会组织（尤其是"草根"社会组织）参与社会治理的能力，目前我国各地都在开展社会组织孵化与培育工作。在这个过程中，可以把环保组织纳入孵化体系，为其增能，助推其更好地参与环境治理。

（三）强化环境信息公开，为社会"自组织"健康发展提供保障

社会"自组织"真正发挥作用，是以环境信息公开为保障的。只有拥有及时准确的环境信息，主体才能对规则执行状况以及环境变化动态做出正确判断，才能确保主体参与环境治理的效果。

为此我们还需要进一步加强环境信息公开。一是公开一些常规性环境信息。比如在农村社区通过各种宣传栏等载体，公布一些常规性环境信息，如化肥的危害、环境污染指数等，使农民了解自己的环境行为会对生态系统造成怎样的影响，生态系统变化又会对自己的健康造成怎样的影响等。这样才能提高农民的责任意识和环保意识。二是公开重点工程环境信息。凡是与公众环境利益紧密相关的重点工程，政府都要进行信息公开。政府应定期通过电视台、报纸或告示公布工程的规划、进展以及对居民的影响，使居民对工程充分知情。三是公开企业污染信息。政府还必须强令相关企业公开环境信息，只要这种环境信息不牵涉国家机密。① 目前科技发展日新月异，我们完全可以利用科技的先进成果，助推环境信息公开，这方面前景广阔。

---

① 宋言奇：《中国环境保护社区自组织研究——以江苏为例》，北京：科学出版社，2012 年，第 147 页。

双重嵌入：社会组织推动化工园环境治理的模式与路径[*]

钟兴菊　王　敏[**]

摘　要： 在"双碳"目标背景下，环境社会组织推动化工园区企业清洁生产与绿色发展成为减少碳排放措施的重要选择。在"退城入园"中，化工园企业环境治理面临政府"失灵"与公众"消失"的困境。环境社会组织在推动化工园中小企业环境治理实践中呈现专业化与公众性双重嵌入的路径：一是社会组织以"专业化"嵌入化工园区并建立合作关系，通过专业沙龙研讨会敦促政府以行政手段实施污染治理；二是以"公众回归"视角推动公众参与化工园环境管理评价的"绿邻指数"的开发与应用，以和谐的园群关系促进园区绿色可持续发展。研究发现，环境友好型化工园环境治理实质上是以专业化为前提的多元主体合作共治的结果，为中国环境社会组织"官僚化"以及"公众参与"的发展路径提供多

---

* 本研究是国家社科基金一般项目"'双碳'背景下生活方式绿色转型的影响机制与路径选择研究"（项目号：22BSH040）、中央高校基本科研业务费科技创新专项"'以公众之名'：公众参与环境治理的实践类型与策略选择"（项目号：2019CDJSK01XK01）的阶段性成果。
** 钟兴菊，重庆大学公共管理学院副教授，研究方向为环境社会学、环境社会组织；王敏，重庆大学公共管理学院研究生，研究方向为环境社会组织、绿色生活方式。

元化的选择与空间。

关键词：专业化　嵌入　环境社会组织　化工园

一　研究背景与问题提出

面对全球环境变迁风险以及"碳中和、碳达峰"的绿色发展战略，党的十九大报告明确提出"构建政府为主导、企业为主体、社会组织和公众共同参与的环境治理体系"，标志着环境治理多元共治格局逐渐形成，社会组织已然成为环境治理体系的核心主体之一。20 世纪 90 年代以来，在特定的政治机会空间、资源依赖模式以及组织结构变迁等背景下，欧美环境社会组织（ENGO）走向专业性、官僚化[①]与职业化发展的新型激进主义模式，以构建生存发展的多元化资源、机会与联合行动网络。[②] 环保激进主义的"惯例化"推动公众转向以谈判与制度化等

---

① 在本研究中，官僚化（Bureaucratization）又称科层化，是指正规组织，并非仅仅包括国家行政管理部门，也包括商业、非政府部门等，具备官僚机构的六大特征：一是功能上的专门化分工；二是明确的权力等级制；三是关于工作人员权责的规定；四是一套标准的工作程序；五是人员之间的非个人关系；六是以技术成就为基础的雇佣和晋升（参见 Lang, S., *NGOs*, *Civil Society*, *and the Public Sphere*. New York：Cambridge University Press，2012）。官僚化不是来自上层，而是通过权力关系构建的官僚参与过程（参见 Hibou, B., *The Bureau Cratization of the World in the Neoliberal Era：An Interational and Comparatiove Perspective*. Basingstoke：Palgrave Macmillan，2015）。在政府职能转移背景下，环境社会组织成为服务项目外包的一线承接主体，在项目实施过程中，由于"环境压力"导致组织运作具有职能等级和非人格化的官僚化特征（参见 Beetham, D., *Bureaucracy*. Buckingham：Open University Press，1996）。为此，本文所使用的官僚化概念，侧重从过程视角探讨环境社会组织从事环境保护实践中凸显的权力互动的特点与类型。

② Fillieule Olivier, "Local Environmental Politics in France：Case of the Louron Valley，1984 - 1996," *French Politics*，Vol. 1，No. 3，2003，pp. 305 - 330；Jimenez Manuel, "Consolidation through Institutionalisation？Dilemmas of the Spanish Environmental Movement in the 1990s," *Environmental Politics*，Vol. 8，No. 1，1999，pp. 149 - 171；Rucht Dieter and Jochen Roose, "Neither Decline Nor Sclerosis：The Organisational Structure of the German Environmental Movement," *West European Politics*，Vol. 24，No. 4，2001，pp. 55 - 81；Diani Mario and Paolo R. Donati, "Organisational Change in Western European Environmental Groups：A Framework for Analysis," *Environmental Politics*，Vol. 8，No. 1，1999，pp. 13 - 34.

方式表达诉求，致使抗议和举报数量降低。①

在中国社会转型背景下，处于快速发展期的企业具有不同的环境质量表现，并非铁板一块。环境社会组织主要采取三种监督策略进行回应：对地方中小企业运用传统"点向"的单一议题监督举报方式；对大型跨国上市公司的供应商企业运用绿色供应链工具形成压力倒逼的方式以督促其整改；② 对"退城入园"③ 的化工园企业，则运用"面向"的专业化监督和公众参与的方式共同推动污染治理。近十年来，随着重大环境污染风险的降低和"退城入园"进程的快速发展，化工园区成为污染问题的集中爆发地，一方面，大量在地环境社会组织的污染监督工作逐渐从"点向"到"面向"发生系统性变革；另一方面，公众"进城上楼"后远离污染风险，导致企业一线污染监督者"消失"或与园区形成"共生"关系。从管理体制看，国家级与省级开发区管委会大部分采用政府与企业混合管理模式，为此化工园的环境管理具有"政府与企业"双重特征。由于中小企业处于供应链条末端且难以识别其品牌商，以及作为一线监督者的公众"消失"，监督举报与公众倡导的传统方式面临失败。

为此，一方面，化工园企业的环境污染监督与合作治理对"专业化"提出了更高的要求。基于专业化发展程度，环境社会组织形成了前端数据平台建设、中端专业性议题与行动网络构建，以及后端一线污染监督

① J. S. Dryzek, "Strategies of Ecological Democratization," In W. Lafferty and J. Meadowcroft eds., *Democracy and the Environment.* Cheltenham, UK: Edward Elgar, 1996, pp. 108 – 123.

② 张毅、马冉：《面向供应链的 ENGO 跨部门影响战略与驱动机制》，《中国行政管理》2017年第 6 期；郭施宏、陆健：《环保组织公共诉求表达的市场路径及其成因——一个组织学习的视角》，《中国行政管理》2021 年第 2 期。

③ "退城入园"是指把同类企业或产业链条关联密切的企业在园区聚集起来，实现资源相互利用和保护相协调。为了适应我国城镇化的快速发展，降低城镇人口密集区的安全和环境风险，解决危险化学品生产企业安全和卫生防护距离不达标的问题，有效遏制危险化学品重特大事故，并且促进传统化工企业的转型升级，2017 年，国务院办公厅发布《关于推进城镇人口密集区危险化学品生产企业搬迁改造的指导意见》（简称《意见》）等一系列政策推进化工企业"退城入园"的搬迁工作。《意见》规定："到 2025 年，城镇人口密集区现有不符合安全和卫生防护距离要求的危险化学品生产企业就地改造达标、搬迁进入规范化工园区或关闭退出，企业安全和环境风险大幅降低。"

调查的三大生态位的组织结构类型，并以"接力式建构"的行动逻辑推动环境污染治理。[①] 由此，处于前端与中端的环境社会组织与企业合作治理环境污染的"专业化"道路是否会通往类似西方"远离公众"的方向，抑或开创性地探索出一条中国本土化的公众参与与专业化融合发展的路径？

另一方面，经验观察表明，环境社会组织推动不同主体合作治理环境形成了一般行动逻辑：首先，以传统组织化方式向政府有序举报与倡导，大部分面临"不理、不回应"的困境；其次，要么以媒体曝光吸引公众关注，进而形成社会舆论压力，要么面临媒体失声或合法性风险；最后，为了突破政府与公众"双重失灵"的困境，基于组织专业能力成长走向两条发展路径，要么被政府"吸纳"为治理的补充角色，要么运用绿色供应链工具等措施倒逼企业参与环境治理。由此可见，环境社会组织对企业污染监督呈现从外围向政府"间接举报"走向从企业内部"直接推动"的发展过程。为此，环境社会组织如何通过专业化嵌入从"外围走向中心"，推动企业污染治理并实现清洁绿色生产，以及公众参与如何推动企业环境可持续治理的模式与路径成为本文的核心问题。

二　文献综述：环境社会组织发展与化工园环境治理

基于改革开放以来蓬勃发展的开发区建设与中国特色的科层"条块"结构，不同层级的开发区与市辖区形成了地方政府管理、企业管理与混合管理三大模式。首先，本文所讨论的化工园企业属于混合管理模式，即开发区管委会成立后，再以管委会的名义出资成立开发区企业，对开发区进行建设和经营。在管理模式上将行政和企业两种管理模式结合，将其定位为兼具"政府与企业"双重特性的环境治理主体。

---

① 钟兴菊、罗世兴：《接力式建构：环境问题的社会建构过程与逻辑——基于环境社会组织生态位视角分析》，《中国地质大学学报》（社会科学版）2021 年第 1 期。

其次，由于化工园中大部分企业处于供应链末端且难以识别关联品牌商，所以环境社会组织特别关注"特定园区内""供应链中非明确品牌商"的中小企业①的环境质量表现，并通过"自上而下"的方式面向化工园管委会的监督倡导以及"自下而上"的方式动员公众参与监督这两条路径推动环境治理与清洁排放。

基于化工园的"政府与企业"双重属性，既有研究对环境社会组织推动化工园环境治理实践侧重两大合作关系的分析。第一，"政社合作"关系视角下的化工园环境治理实践，表现为两种关系：一是在威权型合作治理中的工具性合作，凸显地方性国家法团主义②、分类控制③、国家商榷④以及政府吸纳社会⑤的特点；二是以国家为主导的补充作用，社会组织成为"补充共享者"、有条件的"伙伴关系"，作为政策倡导者对政府施压影响公共政策走向。⑥ 第二，"社企合作"关系视角下的化工园环境治理实践，呈现三种视角的讨论：一是资源互补与资源依赖理论视角认为跨国品牌企业重视企业社会责任、环境保护的社会化价值以及供应链管理等因素，为社会组织运用绿色供应链工具推动环境治理创造了合作空间、资源与机会；二是政治机会视角认为非正式环境治理方法为 ENGO 与企业合作拓展空间；⑦ 三是互动论视角认为治理实践本质是不同主体间的"利益纠葛"，社会组织通过与政府、企

---

① 为了方便讨论，本研究将以企业按规模与治理主体参与性为基础把化工园企业分为三大类：一是一般排污单位中的中小企业与化工园区企业；二是重点排污单位中的邻避设施企业与规划冲突企业；三是重点排污单位中的品牌上市企业、享受环境税收优惠企业与投保环境责任险名录企业等。其中，第一类为本文所研究的环境社会组织推动合作治理的主要企业类型。

② Jean C. O. , *State and Peasant in Contemporary China*, University of California Press, 1989.

③ 康晓光、韩恒：《分类控制：当前中国大陆国家与社会关系研究》，《社会学研究》2005 年第 6 期。

④ Shieh S. and Deng G. , "An Emerging Civil Society: The Impact of the 2008 Sichuan Earthquake on Grass-roots Associations in China," *The China Journal*, No. 65, 2011, pp. 181 – 194.

⑤ 杨君：《政府吸纳社会：城市基层治理社会化的新视角》，《城市发展研究》2017 年第 5 期。

⑥ 叶林顺：《环保非政府组织的作用和定位》，《环境科学与技术》2006 年第 1 期；刘潇阳：《环境非政府组织参与环境群体性事件治理：困境及路径》，《学习论坛》2018 年第 5 期。

⑦ 杜辉：《论制度逻辑框架下环境治理模式之转换》，《法商研究》2013 年第 1 期；蔡宁、宋程成、周颖：《政府会影响非营利组织与企业的合作吗?》，《公共行政评论》2015 年第 5 期。

业等互动合作最终实现自我生存与发展空间的建构。① 由此可见，社会组织推动化工园合作治理环境实践过程，实质上凸显了政社合作下的"官僚化"、"制度化"以及社企合作下的"专业化"发展特点。

自 20 世纪 90 年代以来，为了拓展自身发展空间与资源网络，欧美环境社会组织走向官僚化、专业化以及国际化，发展路径具有相似性，分别表现为接近国家制度和运作过程、"发展标准化"以及官僚主义"发展单一文化"的产生。② 随着环境社会组织专业化水平与合法性提升，国内大量研究侧重探讨官僚化与专业化的发展路径与演变，但对环境社会组织专业化与公众参与间的张力关系讨论较少。西方环境社会组织专业化发展凸显两条路径。一是专业化削弱了环保激进主义活动，如政治机会视角认为环境激进主义下的抗议数量下降，突出制度化方式表达诉求的"惯例化"；③ 资源依赖视角发现为了获得经济支持，依靠专业化活动的公众减少了抗议、举报转而走向谈判；④ 技术专业化推动了科学技术高水平发展，形成了一种形式化的组织与技术专业化的环境管理活动。⑥ 二是环保运动超越制度化与激进化发展路径，激进的环境社会组织在政府网络、正式和专业化的组织模式之外。⑤ 由此可

① 马国栋：《民间环保组织发展的互动论视角》，《湖南社会科学》2008 年第 3 期。

② Cumming Gordon D.，"French NGOs in the Global Era：Professionalization 'Without Borders'？" *International Journal of Voluntary and Nonprofit Organizations*，Vol. 19，No. 4，2008，pp. 372 – 394.

③ Fillieule Olivier，"Local Environmental Politics in France：Case of the Louron Valley，1984 – 1996," *French Politics*，Vol. 1，No. 3，2003，pp. 305 – 330；Jimenez Manuel，"Consolidation through Institutionalisation？ Dilemmas of the Spanish Environmental Movement in the 1990s," *Environmental Politics*，Vol. 8，No. 1，1999，pp. 149 – 171；Rucht Dieter and Jochen Roose，"Neither Decline Nor Sclerosis：The Organisational Structure of the German Environmental Movement," *West European Politics*，Vol. 24，No. 4，2001，pp. 55 – 81.

④ Sonia Alonso and Ruiz Rubén，"Political Representation and Ethnic Conflict in New Democracies," *European Journal of Political Research*，Vol. 46，No. 1，2007，pp. 237 – 267；Angela Alonso and Maciel Débora，"From Protest to Professionalization：Brazilian Environmental Activism After Rio – 92," *The Journal of Environment & Development*，Vol. 19，No. 3，2010，pp. 300 – 317.

⑤ Jonas Bertilsson and Håkan Thörn，"Discourses on Transformational Change and Paradigm Shift in the Green Climate Fund：the Divide over Financialization and Country Ownership," *Environmental Politics*，Vol. 30，No. 3，2021，pp. 423 – 441.

见，社会组织专业化发展影响了环保激进主义活动。

既有国内外研究表明，大部分学者侧重从政治机会、资源依赖以及专业技术发展视角分析环境社会组织与企业和政府合作治理环境的实践，并揭示环境社会组织在治理实践中走向官僚化、专业化、制度化与职业化的发展方向。然而，对于企业发展阶段以及具有"政府与企业"双重管理属性的化工园环境治理的复杂性回应不足：一是缺乏对不同企业的类型学划分，由于企业并非铁板一块，处于不同发展阶段的企业环境质量表现不同，环境社会组织对其的监督策略具有差异性；二是缺乏对化工园环境问题的复杂性以及环境社会组织发展阶段的考察，评估化工园中企业与政府、企业类型以及企业之间的关系结构如何影响环境治理成效，以及社会组织的专业化水平对化工园企业实施监督的匹配性问题分析等；三是传统政治机会、资源依赖以及专业技术等理论视角不能完全解释多元共治背景下化工园中复杂环境问题的治理现象，如环境社会组织在"专业化"发展路径中与公众参与实践的张力。为此，有必要基于环境社会组织发展阶段重新审视新时期化工园环境治理实践，探索一条园区绿色可持续发展的路径。

三　理论基础与分析框架

嵌入（embedded）最早由波兰尼讨论社会与经济发展关系时提出。他认为，经济并不是自主的（autonomous），而是从属于政治、宗教和社会关系，脱嵌、完全自发调节的市场经济是一个彻头彻尾的乌托邦。市场交易有赖于信任、相互理解和法律对契约的强制执行。[①] 市场激发经济效率的前提是国家进行有效监控，通过提供完备的法律和制度环境促进市场发挥平等、自由地交换商品的作用。在本研究中，在"退

---

① 卡尔·波兰尼：《大转型：我们时代的政治与经济起源》，冯钢、刘阳译，北京：当代世界出版社，2020 年，"导言"，第 15～18 页。

城入园"背景下，原本从属于特定社会经济文化发展背景下的中小企业逐渐远离公众视野，统一进入园区从事"独立性"的生产活动，通过社会组织的"专业化"以及公众参与的"公众性"双重嵌入方式推动化工园企业环境的多元共治，重构企业在环境管理中与政府、社会组织以及公众关系的发展演变。为此，沿用波兰尼嵌入视角对多元共生的主体治理实践进行分析具有一定的适切性。按企业类型分析，大型重点排污单位以政府主导的多方参与"圆桌会议"的方式进行制度化规制，或以社会组织专业化运用绿色供应链工具推动企业清洁生产；作为一般排污单位的中小企业与化工园企业以公众参与监督、社会组织监督举报等方式督促政府以行政化手段推动污染治理。由此可见，环境社会组织在发展阶段中凸显制度化、专业化与公众参与等特征。经验研究表明，面对不同类型企业，环境社会组织运用多元化的嵌入策略推动企业环境治理体系建设并实现企业清洁生产与绿色发展。本研究侧重讨论作为一般排污单位的化工园企业的环境治理实践，探究环境社会组织如何以专业化与公众参与嵌入的方式推动园区企业污染整改。

环境社会组织作为环境治理体系中独立的"第三方"，具有组织性、非营利性、非政府性、自治性及志愿公益性五大特点，[①] 与公众具有天然的亲和性，是公众有序组织化的形式表达以及诉求的发声代表，同时公众作为发展中的环境社会组织的同盟军，成为环境激进主义活动的重要参与主体。基于社会转型背景以及社会组织发展的阶段性，环境社会组织在推动环境合作共治实践中面临两大张力关系：一是公众参与和专业化的张力，即组织专业性提升公众参与门槛从而远离公众；二是公众参与和官僚化的张力，即一方面，由于社会组织制度化发展成为政府补充而远离公众，另一方面，"退城入园"导致企业环境远离公众视野并使得公众"消失"。两大张力关系的实质是社会组织生存合法

---

① Salamon L. M. , "The Rise of the Nonprofit Sector," *Foreign Affairs*, No. 4, 1994, pp. 109 – 122；康晓光：《创造希望中国青少年发展基金会研究》，桂林：漓江出版社，1997 年，第 650 ~ 670 页。

性与资源依赖的问题。环境社会组织推动化工园环境治理的过程与路径分析框架如图 1 所示。

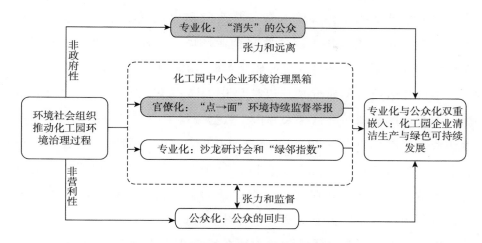

图 1　环境社会组织推动化工园环境治理过程与路径分析框架

如图 1 所示，化工园中小企业的环境表现与整改过程是本研究的研究对象。企业入园后环境污染问题愈加隐蔽而复杂，一方面，化工园区环境污染治理体制机制建设处于过渡期，导致传统"点向"监督向"面向"监督举报方式转型，但同样面临政府回应"滞后"与行政手段"失灵"的困境；另一方面，原有企业与园区周边的公众"进城"而导致一线监督者"消失"，从而出现公众参与"失灵"现象。为此，环境社会组织以"专业化"方式进入化工园，组织专家、学者与律师等专业人士召开以"环境公益诉讼可行性"为主题的沙龙研讨会形成倒逼压力成功推动园区企业环境整改；为了持续推动企业清洁生产，环境社会组织以回归公众视角重建环境友好型的园群关系，发挥公众监督与评估作用，推动企业实现绿色可持续发展，如绿石环境保护中心推动开发的"绿邻指数"中公众参与的指标设计与应用实践等。

基于环境多元共治背景，面对企业复合型环境问题，环境社会组织重新审视与整合了官僚化、专业化以及公众参与的发展路径，推动环境社会组织实现整合性的转型发展。在"退城入园"背景下，大量中小企业环境污染问题从分散走向集中，面临以传统方式向政府举报"失效"，同时一线环境污染监督的公众"消失"的困境，专业化的环境社会组织成为推动化工园环境监督与整改的重要选择。环境社会组织如何以"专业化"进入化工园并监督企业环境污染整改，如何以回归公众视角实现企业绿色可持续发展成为本研究探讨的核心问题。

　　本研究运用案例研究法，以从事化工园污染监督与治理的社会组织为轴心选择案例并进行深入分析，数据资料来源于三种途径：一是深度访谈，笔者于 2018～2021 年通过面对面、电话、网络等方式对 5 个从事化工园污染监督的社会组织以及十余名组织负责人和项目官员进行了半结构化访谈，并在部分组织的帮助下与化工园相关部门工作人员进行了沟通；二是实地观察，笔者以参与式观察身份进入一家资助型的环境社会组织，对其资助的核心社会组织进行了长达 3 年的跟踪调查与访谈，形成观察笔记若干；三是二手资料，通过政府门户网站、社会组织官网、微信公众号、微博以及媒体报道等收集社会组织及当地政府环境治理案例的相关文本。

四　双重嵌入：社会组织推动化工园环境 治理的过程与模式

　　首先，在"退城入园"背景下，分散的中小企业进入园区，同时作为一线监督者的公众"进城上楼"，愈加复杂与隐蔽的环境问题为环境社会组织从"点向"到"面向"的监督方式转换提出了系统性变革的挑战；其次，当环境污染监督面临政府与公众双重"失灵"的困境时，环境社会组织探索以专业化方式嵌入园区推动企业污染整改与清洁生产；再次，公众监督作为园区企业环境清洁生产的外在持续压力，回归公众视角的园区环境质量评价指标有利于在建设和谐园群关系的同时，推动企业走向一条绿色可持续的发展路径。

（一）"面向"为目标的化工园环境监督模式与过程

中国城镇化与全球化进程快速发展，环境质量却在持续恶化。党的十九大报告指出，充分发挥社会组织的力量对于解决突出环境问题具有重要的作用。目前，一方面，"退城入园"导致化工园环境污染问题愈加复杂，周边一线公众监督者因搬离而"消失"；另一方面，针对传统单一企业污染的"点向"举报无法形成合力与社会影响力。环境社会组织通过提升自身能力以及建构行动网络以扩大污染监督举报的回应力，实质上是探索从传统的"点"到"面"的工作法变革，即从大量单个污染的"点向"举报转向以"面向"监督为环境治理行动的目标。为此，环境社会组织参与化工园的环境治理实践成为一种可能。

由于中国大部分开发区管委会或"开发有限公司"是作为政府的派出机构，与所在市辖区政府实行"两块牌子，一套人马"的行政管理体制，并且环境执法权的行使仍以地方环保部门为主，环境社会组织参与园区环境治理实践实质上是与地方政府建立一种合作治理关系。为此，环境社会组织进入化工园区开展"面向"污染调查实质上是"点向"监督工作法的进阶模式。田野调研结果表明，以"面向"为目标的化工园环境治理的"全景图"可以分为三个阶段：（1）园区调查与举报阶段；（2）公众动员监督阶段；（3）专业化推动园区环境治理阶段，如图2所示。

值得说明的是，为了保证逻辑上的连贯性以及故事的完整性，图2呈现了环境社会组织推动化工园环境治理过程的"全景图"，即回答了环境社会组织在什么情况下对化工园监督从"外围走向中心"、如何以专业化进行监督、如何推动化工园可持续清洁生产等一系列问题，具体包括三个阶段故事的发展过程：选择化工园议题并进入化工园监督—化工园里那些人的故事—化工园中专业化推动环境治理的故事。本部分重点讨论化工园污染监督的一般模式与过程，而后面两个阶段的故事仅仅在此进行简要的全貌性概述。为此，该部分主要以绿石环境保护

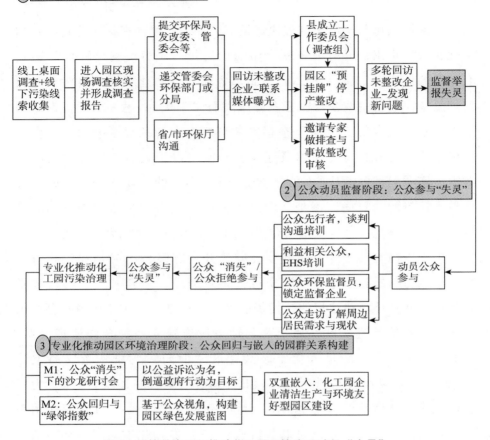

图 2　环境社会组织推动化工园环境治理过程"全景"

中心①（以下简称绿石）、绿色江南公众环境关注中心（以下简称绿色
江南）②及其推动江苏、安徽等地化工园企业环境治理的过程为例展开
描述。

　　第一阶段：扎根化工园议题并进入化工园调查与监督举报。

①　绿石环境保护中心（注册名：南京市建邺区绿石环境教育服务中心）是一家立足江苏，致
　　力于解决本地环境问题的民间环保组织。在获得组织负责人的许可后，文章中对环境社会
　　组织的名称没有做匿名化处理。

②　绿色江南公众环境关注中心是一家于 2012 年 3 月 22 日在苏州注册成立的环保公益组织。

首先，为什么选择扎根化工园议题？研究发现，化工园监督是社会组织在政策环境与行业转型背景下的必然选择。基于国内外基金资助政策方向转型，环境社会组织进入专业化与社会化为导向的转型发展期，环保行业内部开始分化出议题型组织、平台支持型组织以及一线在地组织等类型。部分从事污染防治的环境社会组织在长期的实地调查中积累了大量的污染监督数据，因此该类组织容易转型为支持性数据平台组织，如 IPE、广州绿网、上海春蕾等；然而大量具有在地合法性的组织为了突破区域限制，尝试以拓展议题网络的方式走向全国，或者聚焦当地做大做强成为一线行动组织。为此，绿石为了突破地域限制，扩大化工园议题行动的影响力，最终在没有资方支持情况下选择转型聚焦化工园议题，并以"腾挪"方式在化工园议题的摸索中看到曙光。

> 在很多努力和尝试后我们妥协了，发现每个组织在一个地方的空间是有限的，想要有更大发展，有且只有两条路：要么打破议题，立足区域，如绿色浙江；要么打破空间束缚，立足议题，如守望者网络。为什么成为一个平台或支持性组织，是因为突破区域后，组织没有足够资源和人力覆盖到更多省份，需要更多伙伴合作，我们的角色就会转型成一个平台型或者支持型的组织。（访谈资料：20200616XB①）

> 为什么绿石做化工园的议题而不是一个个园区去跑，我们发现为每个园区写一份报告越来越难做，也没有什么意义。实际上从制度上或工作手法角度推动一个解决问题的常态化模式，这是未来趋势。（访谈资料：20180819WYL）

---

① 此为访谈对象编码，其编码格式是：年四位＋月两位＋日两位＋访谈对象姓名的首字母，下同。

前两年刚开始做化工园的时候，谁都不愿给钱，我都是从其他项目留点钱下来，或者尽量快速地满足基金会的需求，然后把剩下的钱用来干这个；或者尽量从基金会要求的东西里面往那边生搬硬靠，但实际上还是做这件事。2014 年底 2015 年初，我们开始进入化工园议题，越来越专注这个议题并找到方向，看到所谓的曙光。（访谈资料：20200616XB）

其次，如何进入化工园开展调查与沟通？以"面向"为目标的园区监督工作法实质上是"点向"监督方法的迭代升级。根据线上线下收集的污染线索进入园区进行多时段的"面向"调查核实形成详细的调查报告，向相关政府部门提交报告进行举报，若回访未整改，则抓住机遇联系媒体曝光，随后政府承诺整改并实施停产整改，并通过多轮回访排查结果：旧问题未整改又发现新问题。

绿石刚开始在连云港化工园区和盐城响水生态化工园做试点推动时，会到园区住上一个星期，在不同的时间段去调查园区存在的环境问题，写出详细的报告，递交管委会和当地的环保局，紧接着开展一轮轮沟通以推动整改，再一轮轮回访，发现新问题，解决旧问题。我们还带着专家给园区和企业做环境审核，给他们提建议出方案。[①]（访谈资料：20180819WYL）

实地研究表明，进对门、找对人，提交报告以及多手段倒逼整改是环境社会组织调查监督的有效行动策略。首先，通过分工协作在多部门尝试"找对门、找对人的聊法"，与相关部门建立关系后提交调查报告。根据环境问题类型主要采用三种提交方式：一是通过合法有序的程序向园区环保部门或同时向多层级多部门（如区县环保部门、省/市环

---

① 绿石调查报告：《打造命运共同体：江苏省化工园环境管理实践案例（2019）》。

保局等）提交调查报告；二是与省/市级环保厅宣教处建立常态化汇报机制，提交相应资料，汇报工作进展等，甚至直接组织利益相关方召开现场办公会对污染整改进行承诺；三是沿用传统的单议题推动方式，通过两条块、两条线，即镇政府、管委会、各层级环保部门、发改委、经信委以及工信部门等持续推动。其次，媒体报道形成舆论压力倒逼污染企业持续整改。对举报问题进行回访，发现未整改后，启动媒体曝光方式推动，在舆论压力下，成立工作委员会并对该园区实施"预挂牌"处理，即在整改完成之前化工园区所有企业不能上新项目，这是以一种经济代价比较高的行政手段倒逼园区企业整改的有效方法。最后，多次"高高举起，轻轻放下"的整改措施并未触及园区偷排问题，通过监督举报督促政府"自上而下"的行政手段陷入僵局。在经历半年行政压力倒逼下的停业整改后，园区企业整体已经恢复生产，但园区排查后发现暗管排污问题实际上没有得到解决。由此表明，以"面向"为目标的监督举报面临"失灵"。为此，环境治理行动转向对"化工园里的那些人"的评估与考察。

第二阶段：公众动员监督阶段，"化工园里那些人"的故事。

当"自上而下"的行政手段遭遇"悬而未决"的困境后，环境社会组织尝试启动"自下而上"的公众参与路径，"化工园里那些人"的故事便进入前台。"退城入园"背景下，坚守在化工园区里的那些人包括三类。一是留守化工园区的村民，即园区周边的失地农民可能成为园区的工人，或者因为环境污染风险获得园区利益补偿，作为受害者同施害者"与污染共生"。二是部分"依恋故土"或"搬不出"的被园区包围的村民，成为园区中最直接面对污染也最无力的公众。他们中大多是留守老人，文化程度较低，由于"日常生产与生活已经不再依赖当地水资源"，与生存环境关系疏离，当遭遇环境污染威胁时大多选择沉默。三是园区周边"消失"的公众，越来越多一线污染监督公众逐渐搬离污染核心区，污染也随之"消失"在公众的视野中。

为了推动公众参与园区污染监督，环境社会组织采用多种培训与能力提升策略：一是对化工园企业吸纳的当地工人开展环境（environment）、健康（health）与安全（safety）管理体系（简称 EHS①）的培训，让员工了解企业安全生产、职业防护以及职业病等与环境安全相关的内容；二是聘请园区周边积极参与污染监督举报的居民作为义务环保监督员，为他们提供污染监督的技术与工具使用的培训、提升其与政府和企业谈判水平的培训；三是对化工园包围的村庄中的公众，通过一对一的访谈了解其基本需求与现状。实地调查结果表明，在化工园区复杂社会风险与多元主体利益诉求背景下，利益相关公众的行动选择具有不确定性；公众多元化诉求导致污染调查的失败；同时作为流动与留守村民对"暂住"的家乡环境"漠不关心"。由此可见，"自下而上"的动员遭遇公众"消失"或"漠然"参与的困境。

第三阶段：专业化推动化工园区环境治理。

持续有序的监督举报以及公众参与的"双重"失灵困境，为环境社会组织推动化工园区环境治理提出新挑战。一是面对化工园区"消失"的公众，环境社会组织如何以专业化专题沙龙的方式推动园区污染整改；二是要推动环境友好型的化工园区建设，园区周边的公众作为直接的利益相关者以及持续参与园区建设的一线监督者，如何充分发挥社会多元化力量，从回归公众的视角建立绿色化工园区的环境管理标准与行业制度，已经成为环境社会组织以专业化方式推动公众参与园区环境治理实践的时代要求，从而构建和谐的园群关系，推动化工园区可持续发展。

（二）专业化嵌入：公众"消失"背景下的沙龙

在环境多元共治体系建设背景下，化工园区的中小企业处于快速发展期，在市场导向下不会主动考虑"清洁生产"的环境指标；与此

---

① EHS 是指环境、健康与安全一体化的管理体系，建立系统化的预防管理机制，彻底消除各种事故、环境和职业病隐患，以便最大限度减少事故、环境污染和职业病的发生，从而形成改善企业安全、环境与健康业绩的管理方法。

同时，化工园环境治理面临有序监督举报的"失效"以及公众"消失"的困境，为此，环境社会组织如何以专业化介入的行动策略探索一种创新性的环境治理工作法？绿色江南采取以"环境公益诉讼可行性"为主题开展线上沙龙的方式推动化工园污染整改实践，便是一种专业化工作法的创新尝试。

首先，以"面向"为目标的有序监督举报"失灵"后，环境社会组织对园区周边公众进行走访后发现，公众在主观意愿以及客观能力方面都可能面临参与"失灵"困境。虽然居民与化工园区具有直接的冲突关系，但缺乏参与监督与沟通的能力与意愿，主要原因在于当地居民文化水平低、语言不通，沟通交流难；老龄化较为严重，留守老年人立场摇摆；居民与化工园具有共生共存的关系等。

> 2020 年 6 月，我们对安徽一个化工园调研发现，化工园厂区紧邻居民稻田，部分污水渗到外面的农田区，水污染问题严重。走访发现很多秧苗死掉了，但具体原因不清楚。居民跟化工园管委会形成强烈的对抗关系。我们跟园区周边的农民交流发现一个明显的盲区：首先，语言不通，即使带着安徽本地的同事翻译，也很麻烦。其次，居民年龄结构老龄化严重，大多是留守老人，立场不坚定，甚至没有办法清晰表达自身诉求，只希望赔点钱。再次，居民与园区企业存在共生关系，居民的家人在化工园里工作。为此，若村民代表不能说真话、不能清晰表达诉求，则不适合动员其参与监督谈判。（访谈资料：20201112CB）

其次，媒体曝光手段已经成为环境社会组织常用的一种"屡试不爽"的推动策略。随着网络技术的普及，当"在场"公众参与面临"失灵"时，环境社会组织会诉诸媒体吸引大量"不在场"公众的关注，从而形成舆论压力倒逼政府行动。然而，在特定的社会背景下，媒体曝光可能会面临"集体失声"的困境。

我们将这篇文章转发给平时喜欢报道污染案例的媒体，如界面、澎湃新闻、新华社等。一般来说给媒体转发调研报告后，马上就有电话打过来问怎么回事，但这个案例出来一周后，媒体没有任何声音，出现"集体失声"现象。在这种情况下，我们调研只发进展不发现场照片，后面锁定以政府为对象进行逐步攻破的效果会比较理想。（访谈资料：20201112CB）

媒体曝光工作法实质上是通过扩大社会影响力吸引公众关注，形成一种舆论压力倒逼相关主体采取行动的过程。当微博举报信息出现"0阅读量"，或通过微信公众号发布调查报告后却出现"集体失声"的现象时，可能是公众对环境利益诉求选择了沉默。

再次，在"公众缺席"以及媒体"集体失声"的背景下，环境社会组织以专业化沙龙的方式倒逼化工园区实施污染整改。其专业化嵌入主要表现为以下几个方面：（1）会议议题专业化并具有警示性：环境社会组织通过"解铃还须系铃人"的阻力分析，召开以"环境公益诉讼可行性"为主题的线上沙龙；（2）会议信息宣传的精准性与巧妙性：环境社会组织熟悉管委会内部"守门人"，通过朋友圈扩散方式发布沙龙详细信息；（3）参会成员的专业性：邀请知名学者、公益诉讼专家、律师以及环境行业大咖共同参与讨论，包括对环境公益诉讼的态度、推动建议以及实施的可行性分析等；（4）以依靠政府行动与发展空间作为推动目标：为了最大限度降低污染的负面影响，为大长三角地区产业转移发展创造空间，对"目标对象"政府形成直接的压力，获得各级政府的关注与重视，取得沟通协商的机会；（5）园区企业污染整改及时并成效显著：环境公益诉讼具有"面向"的连带影响力，政府从"不理睬"到会议召开过程中的沟通再到会议后的及时行动表明，以专业化方式推动污染整改获得圆满成功。

如果阻力来自政府，那么就从政府那条线去攻破。我们采用线上的方式，邀请国内顶尖学者、公益诉讼律师、环境行业大咖等召开一个以"漠河口化工园的环境公益诉讼可行性"为主题的沙龙，以了解国内各方对这件事情的态度以及解决的可行建议。实际上，为了不给该化工园区带来负面影响，我们将环境公益诉讼演变为一个小型的研讨会。但为了扩大在管委会内的宣传，巧妙通过内部"线人"将研讨会通知发到朋友圈，"目标明确"且特地通知政府部门。当时管委会比较慌，在沙龙召开的时候给方老师打电话，说"我们明天就过来跟你交流一下这个事情的处理进展"。这样直接把政府这条线攻破，取得比较好的沟通效果，而且不管是省里还是市里都特别重视，从省到市召开专项工作推进会，每周的进展、每天的进展都要反馈给我们，最后这个事情得到圆满解决。（访谈资料：20201112CB）

由此可见，一方面，以"公益诉讼可行性"为主题的线上沙龙具有警示作用，因为公益诉讼不是针对单一企业而是针对整个化工园区，具有以"面向"目标推动的社会影响力。虽然只是环境社会组织采用的一种"做样子"的策略性行动，但能得到政府的重视与有效回应。另一方面，"公益诉讼可行性"的讨论专业性较强，其目标指向是督促政府以行政手段间接推动中小企业污染整改，而非以市场化方式直接推动企业实施内部整改。因此从行动逻辑上看，在"公众消失"的背景下，专业化嵌入方式仍然是一种依托于"制度化"与"官僚化"手段对污染问题的回应，且实际上是在"面向"监督举报"失灵"后，持续推动的结果。

（三）公众回归与嵌入：以"绿邻指数"构建和谐园群关系与环境友好型园区

化工园环境治理逐渐形成一套以"面向"为目标的常态化监督工作法，并以专业化嵌入方式探索多元化园区环境污染整改的实践模式，而构建一套专业化与长效性的园区企业环境质量评价标准成为实现化工园环境治理革新的关键，同时也为建设环境友好型化工园提供绿色发展的蓝图与参考。纵观国内外化工园的发展阶段，大致可以分为"形成期—滚动发展期—成熟期—衰退/转型期"的四阶段生命历程。目前中国大部分化工园正处于"形成期"，面临低门槛的企业招商、无规范制度监管以及退城入园后政府与公众监督"失灵"等困境。与此同时，近年来化工园安全环保事故多发给环境监管整治带来极大挑战。为了促进园区管委会、企业与公众多方沟通交流，推进化工园绿色发展，绿石基于公众视角开发了一套化工园环境管理评价的"绿邻指数"，为环境友好型园区的可持续发展提供创新性思路与方向。与此同时，汀兰环境理事会的成立探索了环境社会组织参与多元共治的新模式。

首先，绿石通过走访调查，对化工园环境质量表现与监管水平现状进行扫描。绿石通过对化工园环境质量表现进行长期跟踪调查发现，大部分化工园发展处于低产业层次的"形成期"，存在监管制度真空，利益相关主体权力与职责不明，行业管理标准、方法与制度缺失等问题。为此，绿石基于试点地域性与项目周期性因素，以总结江苏化工园环境管理经验为起点，推动一个短期目标内的行业标准建设。

早期我们在跟很多园区接触的过程中发现，有的园区发展比较晚，很多东西不懂，不知道怎么做；也有做得比较好的园区，他们也会问做得怎么样，有哪些地方不足。所以我们希望以总结江苏经验为起点，推动类似化工园行业标准的建设，一方面规范约束园区行为，形成相互竞争的压力；二是制定准则，根据标准整改与提升。限于我们不擅长政策倡导，且项目具有周期性，主要以总结江苏经验为起点，推动类似化工园的行业标准。（访谈资料：2018 0819WYL）

其次，专业化开发与试点应用基于公众视角的化工园区环境管理的"绿邻指数"。民间环保组织绿石以江苏省的化工园区为蓝本，于 2018 年开发了一套"基于公众视角的化工园区环境管理评价体系"，即"绿邻指数"，包括环境管理效能、环境信息披露、多元主体参与治理三大维度共 32 项指标，其中多主体参与中的公众参与包括信息发布渠道、举报/参与渠道、保护举报人以及公众环境教育 4 项指标内容（占总指标的 12.5%），且赋值较高（16 分，共 100 分），其核心围绕公众视角下的审视、互动、参与及和谐共处。该指数旨在从公众视角审视化工园区环境管理的现状，并体现公众对化工园区合理规划、规范管理、良性互动的需求与期待，以此推动化工园区防范环境风险。在环境管理制度中引入公众参与的思路，与社区公众和谐共处、共建良好生态。①"绿邻指数"自 2019 年开始在江苏 20 多个化工园区开展试点评价与行动策略指南。

> "绿邻指数"设定 abc 三档，b 档是合规，a 档是优秀。最初，我们在江苏挑了 20 多个园区做试点的评价与推动。对园区进行整体评价之后，会根据每部分指标的评分给出匹配的行动策略指南。园区都期待有化工园的行业标准出台，他们不仅能够按照标准去做，也有利于招商引资；而且可以利用自身的优势，比其他园区发展得更好、更具有特色。（访谈资料：20180819WYL）

最后，回归公众视角建立和谐园群关系，"汀兰模式"推动环境友好型园区可持续发展。"绿邻"就是园区能够成为周边居民的好邻居，彼此是平等以及共赢的关系。环境社会组织一方面搭建议题网络联盟推动专业化社会组织的支持与合作，以拓展指标的应用推广空间，另一方面回归公众视角，公众作为监督园区绿色生产的根本动力，建立和谐园群关系有利于实现化工园环境共治共赢发展。"汀兰模式"是一个典

---

① 李春华：《绿邻指数：化工园区绿色发展新思路》，《中华环境》2018 年第 10 期。

型案例。汀兰社区作为典型的园区包围社区，在以社区书记为主导推动多元化主体合作参与环境治理过程中凸显了一系列策略：以"矛盾才是黏合剂"的新视角重新看待环境风险问题中的利益主体关系；推动企业、社区与居民的共同行动，搭建园群关系；以根据矛盾转型实时调整黏合剂为基础，推动"环境冲突解决—居民环境教育—企业支持社区服务"核心问题的回应；通过打造具有明星效应的"汀兰模式"推动成功经验的复制与可持续发展。

我们的目标是在三年内搭建一个中国化工园环境治理行动联盟，召集一群有意愿的伙伴明确做化工园议题，并找到在地化实践的发展方向，进而给予支持和帮助（访谈资料：20200917XB）。

2018 年起，苏州工业园区每年组织开展环境治理合作伙伴项目，建立政府和企业、企业和企业"互相借鉴、互相促进、互相提升"的新型伙伴关系。前两期共 124 家企业参与环境治理合作伙伴项目，累计发现各类环境问题 1007 项，已基本完成整改；企业环境治理能力和环境绩效提升率超过 25%，平均分达到 89 分。园区通过探索环境社会组织参与多元共治新模式，成立了全省第一家社区环境自治机构"汀兰环境理事会"，被誉为环境社会治理的"苏州模式"。第三方服务机构还协助汀兰社区构建由政府、企业、居民等共同参与的环境理事会制度，通过企业信息公开、环境宣传教育、园群共建互助、多方圆桌对话等活动，促进基层政府职能转变和社会管理创新，助力苏州工业园区的"产城融合"发展。①

首先，环境社会组织以专业化为基础构建了一套系统性的绿色园区管理评价指标体系，为推动化工园清洁生产与绿色发展提供了行动

---

①　文本内容来自组织相关人员分享的内部资料。

的规范与制度化模式；其次，侧重从公众视角考察化工园的环境治理现状，与社区公众建立和谐共处的园群关系，满足公众对环境友好型生态园区的需求与期待，推动园区环境问题从末端"治理"向前端"预防"转型；再次，环境社会组织推动化工园环境治理的过程凸显了专业性与公众性"分离与回归"的发展过程，实质上公众参与作为环境社会组织发展的"原始动力"有利于推动园区绿色可持续发展。

由此可见，园区管委会作为推动企业生产与环境治理协同发展的关键部门，具有"政府与企业"的双重属性；环境社会组织作为园区环境治理的社会化参与力量的核心主体，在推动园区企业清洁生产与绿色发展过程中凸显了专业性与公众性的嵌入路径。首先，面对化工园的"政府"属性，为了扩大监督举报的影响力，从"点向"的举报转向以"面向"为目标的环境治理行动，却面临政府行政手段"失灵"的困境；其次，面对公众"消失"以及媒体报道"集体失声"的困境，环境社会组织发挥专业化优势，召集学者、律师与环保行业人士等召开以"环境公益诉讼可行性"为主题的沙龙形成倒逼压力，督促政府及时实施整改行动；最后，环境社会组织开发并建立了"基于公众视角的化工园区环境管理评价体系"的绿邻指数，为推动化工园区清洁生产与绿色可持续发展提供了参考蓝图与方向。研究表明，环境社会组织推动化工园绿色可持续发展的路径，实质上是一种打着"专业化"旗帜的多元主体合作共治的结果，即以专业化嵌入为前提，一方面，沙龙的方式实质上是诉诸"官僚化"手段为目标的间接监督；另一方面，建立规范性环境管理评价体系的绿邻指数，实质上是以回归公众视角的"专业性"为目标的直接治理实践。

五 研究结论与讨论

在治理背景下，环境社会组织已然成为环境共治体系的主体之一。伴随着专业化的成长环境，社会组织逐渐分化为前端平台支持型、中端议题型以及后端一线监督型组织，不同类型组织各司其职，以"接力式"建构逻辑治理环境问题。与此同时，在"退城入园"后化工园成为环境污染问题的集中爆发地，企业发展类型并非铁板一块，"在特定园区中"、"难以识别处于供应链的特定环节"或"处于发展期"的中小企业成为本研究的关注重点。研究发现，化工园中小企业的环境治理与绿色发展路径实质上是以"专业化"以及"公众化"的双重嵌入实践，推动政府、企业与公众等多元主体共同治理园区环境的结果。

具体来讲，化工园企业的监督与传统单一企业的"点向"监督不同。首先，入园后的大部分中小企业在监督工作方法上，需要进行以"面向"为目标监督工作法的系统革新。其次，面对具有"政府与企业"双重属性的化工园管委会，一方面，以专业化为前提嵌入园区，以沙龙方式敦促政府重视与开展整改行动，从而实现从专业化间接向"官僚化"的转化路径；另一方面，以公众视角建立化工园环境管理评价的绿邻指数，通过建立和谐园群关系推动园区绿色可持续发展，由此突破环境社会组织专业化与公众性同步发展的悖论。由此可见，环境社会组织通过双重嵌入实践实现了环境友好型化工园区建设，推动了企业生产发展，同时促进了环境质量不断改善，从而为实现化工园生态现代发展的路径提供了参考。然而，由于篇幅所限，文章对中国化工园发展历程、企业发展类型划分与治理策略等缺乏详细描述和讨论；此外，贯穿全文的环境社会组织的专业化与公众性、专业化与官僚化的两重张力的结论是基于笔者多年对环境社会组织田野调查的经验判断，缺乏量化数据的论证与支撑。

以产品为导向的环境治理模式及其实践探索

——瓶装水案例

李万伟*

摘　要： 在市场经济催生环境问题的过程中，产品处于中介地位，因此有必要探索一种以产品为导向的环境治理模式，即以产品为治理"抓手"和物质"载体"，通过科学手段对产品生命周期各阶段的环境影响进行精准测算，通过对话促进产品利益相关者共担环境责任，通过市场手段促进产品产业链绿色转型。根据这一治理模式及其运行机制，本研究以瓶装水为例进行了实践探索，发现实施瓶装水生命周期评价，落实利益相关者环境责任，推动产业绿色转型可以有效解决瓶装水带来的环境问题。与传统环境治理模式相比，以产品为导向的环境治理模式具有鲜明的整合优势：可以实现不同环境问题的整合治理、多元治理主体的联动合作、经济发展与环境保护的协同共进。

关键词： 环境治理　治理模式　产品导向　瓶装水

---

* 李万伟，河海大学公共管理学院社会学系博士研究生，研究方向为环境社会学。

一　导论

近代以来，市场经济被认为是环境问题的重要根源。哈丁在"公地悲剧"假设中认为市场经济塑造的个体理性是公共资源遭到过度开发的主要原因。[①] 施奈伯格在"生产跑步机"理论中指出市场经济的运行机制是鼓励"大量生产—大量消费—大量废弃"，市场经济对于增长的盲目追求导致了诸多环境问题的产生。[②] 洪大用在"社会转型范式"中也把市场经济体制建立、消费主义兴起看作加剧中国环境状况恶化的重要因素。[③] 在市场经济催生环境问题的过程中，产品处于中介地位，许多环境问题都与产品密切相关，它对环境的影响存在于从生产线到垃圾场的整个产业链条。[④] 既然环境问题的产生与产品及其生命周期密切相关，那么环境治理就应该针对产品及其整个生命周期来采取措施。

然而，在我国环境治理实践中，长期采用的是"末端治理""过程治理"等局部治理模式，使用的治理手段是以"生产工艺为导向"的技术治理和以"行政规制"为主的政策治理。这些治理模式、治理手段在具体实施中存在以下不足：一是环境问题之间各自为治，传统治理模式因环境媒介不同将环境问题划分为大气污染、水污染等不同类型，[⑤] 并制定了不同的排放标准和规范，忽视了生态系统内部各要素之

---

① Garrett Hardin, "The Tragedy of the Commons: the Population Problem Has No Technical Solution; It Requires a Fundamental Extension in Morality," *Science*, Vol. 162, No. 3859, 1968, pp. 1243 – 1248.

② Kenneth A. Gould, David N. Pellow and Allan Schnaiberg, "Interrogating the Treadmill of Production: Everything You Wanted to Know about the Treadmill But Were Afraid to Ask," *Organization & Environment*, Vol. 17, No. 3, 2004, pp. 296 – 316.

③ 洪大用:《社会变迁与环境问题：当代中国环境问题的社会学阐释》，北京：首都师范大学出版社，2001 年，第 122 页。

④ 张亚平、邓南圣:《产品导向的环境政策研究进展》，《环境科学与技术》2003 年第 4 期。

⑤ 申进忠:《产品导向环境政策：当代环境政策的新发展》，《武汉大学学报》（哲学社会科学版）2006 年第 6 期。

间的有机联系，无法系统、全面地解决环境危机；① 二是环境治理主体之间各自为政，政府、市场、公众等多元治理主体在环境治理中联动性不强，不能有效提升解决环境问题的效率；三是经济建设与环境保护之间存在一定程度的割裂，传统治理模式未能将环境治理与经济发展进行有效结合，忽视了二者之间的有机联系，导致环境治理措施效果欠佳，并使人们产生一种错觉，即环境治理必定阻碍经济发展，使环境治理与经济发展呈现较为明显的对立状态。

基于以上两点，由于产品已被看作市场经济引发的诸多环境问题的根源，以及传统环境治理模式中存在的割裂问题，所以有必要引进一种新的环境治理模式——以产品为导向的环境治理模式。以产品为导向的环境治理模式，即以产品为治理"抓手"和物质"载体"，通过科学手段对其生命周期各个阶段的环境影响进行精准测算，通过对话促进产品利益相关者共担环境责任，通过市场手段促进产业绿色转型的整合性环境治理模式。

其实，早在20世纪70年代，为解决产品导致的环境问题，欧盟便提出了一种面向产品的环境政策。本文尝试在对这一治理模式发展历程及其运行机制进行梳理的基础上，以瓶装水为案例，探索这一模式在我国环境治理实践中的实施路径，以期为我国环境治理实践提供借鉴。之所以选择瓶装水作为案例，有以下原因：一是瓶装水生命周期较长，一瓶矿泉水完成其生命周期要经历多个环节；二是瓶装水导致的环境问题较为严重，其生命周期的每个环节都会带来环境问题；三是瓶装水生产、消费涉及的利益相关者较多，目前我国已成为全球最大的瓶装水生产国和消费国，生产企业有6.4万家，年产量在1000亿瓶以上，消费者更是遍布全国各地；② 四是瓶装水已经成为普遍的日常消费品，但其背后的环境问题却未引起消费者的足够重视，希望对这一案例的分

---

① 蔡秉坤、李娟：《产品导向环境政策的当代法治与实践价值》，《甘肃社会科学》2010年第1期。

② 李国：《一瓶矿泉水能做多大？》，《农产品市场》2020年第23期。

析可以推动我们转换思维，对产品消费背后的环境问题有所反思。

二 历程回顾：产品导向环境治理的国内外发展

20 世纪 70 年代以后，随着西方社会进入大规模消费时代，社会各界对于产品的需求量不断增长，与产品使用、废弃物处置相关的环境问题也日渐增加。[①] 为解决产品带来的环境问题，荷兰环境部门率先提出对产品环境影响实施治理的政策。20 世纪 90 年代，以产品为导向的环境治理政策在欧盟各国迅速发展，先后形成生产者责任延伸制度（EPR）和整合性产品政策（IPP）两种形式。

生产者责任延伸制度，最早可追溯到瑞典于 1975 年颁布的《关于废物循环利用和管理的议案》。该议案提出，在产品生产之前，生产者就有责任了解如何从节约资源和保护环境的角度，以适当的方式回收、处理废弃后的产品。[②] 1988 年，瑞典环境经济学家托马斯等对生产者责任延伸做了定义，认为生产者责任延伸是一种保护环境的战略，这一战略要求生产者必须承担产品整个生命周期，尤其是产品最终处置阶段的环境责任。[③] 该理念一经提出便在欧盟内部获得积极响应，并迅速进入多国环境治理实践中。20 世纪 90 年代，瑞典环保部门先后制定了《关于废纸的生产者责任令》《关于轮胎的生产者责任令》《关于汽车的生产者责任令》《关于电子电气产品的生产者责任令》等多项环境法令。[④] 1991 年，德国出台《包装法》，规定生产者必须无偿承担废弃产

---

① 曹凤中：《我国实施环境保护产品控制政策的思考》，《环境与可持续发展》2020 年第 1 期。

② Jutta Gutberlet, Torleif Bramryd and Michael Johansson, "Expansion of the Waste-based Commodity Frontier: Insights from Sweden and Brazil," *Sustainability*, Vol. 12, No. 7, 2020, p. 2628.

③ Thomas Lindhqvist and Reid Lifset, "Getting the Goal Right: EPR and DFE," *Journal of Industrial Ecology*, Vol. 2, No. 1, 1998, pp. 6–8.

④ Josef Taalbi, "Innovation in the Long Run: Perspectives on Technological Transitions in Sweden 1908–2016," *Environmental Innovation and Societal Transitions*, No. 40, 2021, pp. 222–248.

品的回收利用责任。① 1994 年，欧盟借鉴德国《包装法》，推出《包装和包装废物指令》，规定了各种包装材料就其重量而言，50% ~ 60% 必须是可再生的，25% ~ 45% 必须是可回收的。此外，针对消费量快速增加的电子机电产品，欧盟先后推出《废弃电子电气设备指令》《关于在电子电气设备中限制使用某些有害物质指令》《能源使用产品生态化设计指令》，其目的就是要促进整条产业链的绿色化。②

20 世纪 90 年代，为了整合欧盟内部繁杂的产品环境政策，欧盟委员会决定推出一种整合性的产品环境政策。1997 年，欧盟委员会组织成员国进行了基于产品生命循环的政策方法发展研究。③ 1998 年，欧盟委员会将整合性产品政策定义为 "以提高和改善产品整体环境绩效为指向的环境政策"④。1999 年，欧盟非正式环境部长会议对此定义做了补充，将服务也纳入整合性产品政策的控制范围，并强调了生命周期的概念。⑤ 2001 ~ 2003 年，欧盟委员会先后以 "绿皮书" "通讯" 等形式，不断完善整合性产品政策的运行机制，为整合性产品政策的具体实践建立了初步框架。框架必须遵循以下原则：（1）非政府强制，寻求政府关于减少产品环境影响的决策最优化；（2）尊重市场，政府不应该对生产者与消费者之间的相互作用进行不良干预，也不应该人为创造绿色市场；（3）由公司主导，产品政策首先是一个公司的政策，应该充分利用公司的竞争力和创新力；（4）信息交流，公司应该提供产

---

① Ogunmakinde O. E. , "A Review of Circular Economy Development Models in China, Germany and Japan," *Recycling*, Vol. 4, No. 3, 2019, p. 27.

② 程保志：《欧盟新近环境指令与生产延伸责任：回顾与述评》，《重庆社会科学》2008 年第 2 期。

③ Liu Zhe, Michelle Adams and Tony R. Walker, "Are Exports of Recyclables from Developed to Developing Countries Waste Pollution Transfer or Part of the Global Circular Economy?" *Resources, Conservation and Recycling*, No. 136, 2018, pp. 22 – 23.

④ Andrew Adewale Alola, Festus Victor Bekun and Samuel Asumadu Sarkodie, "Dynamic Impact of Trade Policy, Economic Growth, Fertility Rate, Renewable and Non-renewable Energy Consumption on Ecological Footprint in Europe," *Science of the Total Environment*, No. 685, 2019, pp. 702 – 709.

⑤ Martin Charter, et al. "Integrated Product Policy and Eco-product Development," *Sustainable Solutions*, London：Routledge, 2017, pp. 98 – 116.

品系统信息，通过环境管理系统加强信息交流；（5）责任共享，对参与者在产品生命周期各阶段的环境责任进行恰当划分，环境责任人正确承担相应的责任。① 目前，随着整合性产品政策在欧盟的发展，产品已经进入欧盟环境治理的核心地带。②

以产品为导向的环境治理模式在我国发展较晚，目前还处于政策法规建设阶段。以生产者责任延伸制度为例，2004 年，第十届全国人民代表大会常务委员会对《固体废物污染环境防治法》进行修订，生产者责任延伸概念才正式进入我国立法领域。2016 年，国务院办公厅印发《生产者责任延伸制度推行方案》，开始对电器、电子、汽车、铅蓄电池和包装物等产品实施生产者责任延伸制度。2020 年，国家发展和改革委员会同住房城乡建设部、商务部、市场监督管理总局起草制定了《饮料纸基复合包装生产者责任延伸制度实施方案》，开始在饮料纸基复合包装领域推进生产者责任延伸制度。这些政策法规的出台，在一定程度上促进了以产品为导向的环境治理在我国的发展，但在具体实施领域，这些政策法规却缺乏相应的操作路径。为此，我们尝试以瓶装水为例对这一环境治理模式进行实践操作。

三　案例探索：瓶装水环境问题及其治理实践

瓶装水是指密封于瓶装容器中可供直接饮用的水，按其水质可划分为四大类别：矿泉水、纯净水、矿物质水和天然水。在生活节奏日益加快和水质环境不容忽视的今天，瓶装水以其便于携带、干净卫生等特点，已经成为人们的日常饮用水。

我国瓶装水产业起步较晚，但发展迅速。1984 年，全国瓶装水生

---

① Dirk Scheer and Frieder Rubik（eds），*Governance of Integrated Product Policy：In Search of Sustainable Production and Consumption*，London：Routledge，2017，pp. 113 - 126.

② 申进忠、冯琳：《走向合作型环境治理：欧盟整合性产品政策述评》，《公民与法》2009 年第 2 期。

产厂家只有 2 家。随着改革开放和市场经济发展，瓶装水产业进入快速发展阶段。1986~1990 年，全国瓶装水产量从 5 千多吨上升到 18 万吨，5 年时间翻了超过五番。1991 年，瓶装水生产厂家突破百家，全年瓶装水产量达到 40 万吨。1995 年，瓶装水产量达到 169.71 万吨，比 1994 年的 92.78 万吨增长 82.9%，增长速度创国内外瓶装水生产历史新高。1996 年，全国瓶装水生产厂发展到 790 多家，年生产量达 200 万吨，占世界瓶装水总产量的 14.3%。2000 年，全国瓶装水产量达到 554 万吨，生产企业达到 1000 多家。2000 年之后，瓶装水销售量与收入规模均呈增长趋势。2013~2018 年，瓶装水销售收入从 1069.2 亿元增长至 1830.9 亿元，年均复合增长率高达 11.36%。[①] 2019 年，瓶装水销售收入规模更是突破 2000 亿元。[②]

　　然而，在瓶装水产业迅速发展，为广大消费者带来方便的同时，产业发展导致的环境问题也愈加严重。如在生产阶段浪费大量水资源，在制瓶阶段消耗大量石油资源，在运输阶段增加碳排放和能源消耗，在废弃阶段导致塑料污染。根据以产品为导向的环境治理模式及其运行机制，我国瓶装水环境治理应从以下三个方面展开。

（一）对瓶装水进行生命周期评价，明确环境问题

　　生命周期评价是清晰认知产品环境影响的关键。2009 年，美国加利福尼亚州奥克兰太平洋研究所的环境科学家通过评估瓶装水生命周期各个阶段的能源足迹，量化能源投入总量，计算出生产瓶装水需要的能耗强度为 5.6MJ/L ~ 10.2MJ/L，相当于生产自来水能耗强度的 2000 倍。[③] 在此之前，社会各界也知道瓶装水在整个生命周期中会消耗大量

①　参见中国饮料工业协会发布的《2010 中国饮料行业可持续发展报告》《2014 中国饮料行业可持续发展报告》《2018 中国饮料行业可持续发展报告》。
②　李国：《一瓶矿泉水能做多大？》，《农产品市场》2020 年第 23 期。
③　Peter H. Gleick and Heather S. Cooley, "Energy Implications of Bottled Water," *Environmental Research Letters*, Vol. 4, No. 1, 2009, pp. 45–51.

的电能、热能和化石能源，但由于难以量化，故很难对其进行精准评判。我国瓶装水环境问题之所以未引起人们的重视，未能量化其环境影响是重要原因。图 1 为瓶装水生命周期各个环节及其环境影响的初步评估。

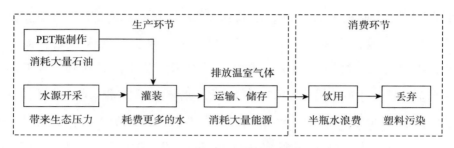

图 1　瓶装水生命周期及其环境影响

2019 年，我国瓶装水产量为 9698.54 万吨，[①] 以每瓶水容量 550 毫升来算，约有 1763.37 亿瓶，以每个瓶子重 23 克来算，耗用 PET 原料约为 405.58 万吨。下面我们尝试对其环境影响进行量化估算：（1）就水资源消耗来看，根据英国环境部国务大臣菲尔·伍勒斯的研究，生产 1 吨瓶装水需要在生产过程中耗费 7 倍的水，[②] 那么 2019 年我国瓶装水生产就要耗费 6.79 亿吨优质水；（2）就物质消耗来看，瓶装水容器主要采用 PET 材料，而 PET 材料是从石油中提炼出来的，每生产 1 吨 PET 材料需要消耗石油 3 吨，[③] 那么 2019 年我国瓶装水容器生产消耗石油 1216.74 万吨；（3）就温室气体排放来看，一瓶 550ml 的瓶装水在生产和消费过程中会产生 44g 二氧化碳排放，[④] 那么 2019 年我国瓶装水产业大约产生温室气体 775.88 万吨；（4）就瓶装水浪费来看，根据多年关注瓶装水浪费的环保组织"水卫士行动"测算，我国瓶装水浪费率约

① 李国：《一瓶矿泉水能做多大？》，《农产品市场》2020 年第 23 期。
② Duncan Finlayson, "Market Development of Bottled Water," *Technology of Bottled Water*, No. 2, 2005, pp. 6 – 27.
③ 许明珠、温刚：《终结塑料污染协同减污降碳》，《环境与可持续发展》2022 年第 3 期。
④ 郑黎：《低碳生活，从饮水开始》，《今日国土》2010 年第 3 期。

为 10% ,[①] 那么 2019 年我国被浪费掉的瓶装水约为 970 万吨；（5）就塑料污染来看，根据中国物资再生协会再生塑料分会发布的数据，2019 年我国 PET 瓶回收量约为 374.22 万吨，[②] 那么还有 31.36 万吨塑料瓶"流落在外"成为难以处理的白色垃圾。[③]

目前，在产品环境治理起步较早的发达国家，生命周期评价已经形成较为完善的环境评估体系，一些软件工具也进入了商品化应用阶段。[④] 在我国，相关的生命周期评价体系还在建设之中。对瓶装水进行生命周期评价，需要政府出台相应法律法规，社会各界加强舆论监督，促进企业披露相关环境信息。然后在尽可能获取完整环境信息的基础上，借鉴国外相对成熟的生命周期评价方法，[⑤] 制定符合我国瓶装水实际情况的评价体系。体系建设应从以下几个方面展开。第一，促进瓶装水生产企业、行业协会、学术界、政府部门建立开放的信息联动机制，加强信息沟通和数据共享，推进更加科学、完整、精确的瓶装水生命周期研究，合力开发中国原创的生命周期环境影响评价方法。第二，提高评估结果的应用价值，带动技术、工艺、产品在全产业链上实现真正意义上的绿色化，做到全生命周期节能与环保的兼容。第三，推动产品生命周期评价方法与经济学、管理学、环境社会学等学科交叉共融，促进政府、产业界和学术界在产品生命周期评价体系开发应用过程中的协同合作，打通评价结果转化的渠道，使其更好地服务于产品、工艺、技术绿色数据库建设以及绿色标准的制定与实施。[⑥]

---

① 郭元鹏：《请给会桌上的"半瓶水"拧紧"监督盖"》，《党员文摘》2021 年第 6 期。

② 毕莹莹、刘景详、董莉、孙晓明：《我国废 PET 饮料瓶产生量与回收水平研究》，《环境工程技术学报》2022 年第 1 期。

③ 周杰、苏海佳、吴琼、邢建民、董维亮、姜岷：《中欧组织间合作研究项目 MIX-UP 助力实现"碳中和"》，《生物工程学报》2021 年第 10 期。

④ 付允、林翎、陈健华、高东峰、吴丽丽、中国标准化研究院：《产品生命周期环境友好性评价方法研究》，《标准科学》2014 年第 7 期。

⑤ Naomi Horowitz, Jessica Frago and Dongyan Mu, "Life Cycle Assessment of Bottled Water: A Case Study of Green20 Products," *Waste Management*, No. 76, 2018, pp. 734 – 743.

⑥ 肖汉雄、杨丹辉：《基于产品生命周期的环境影响评价方法及应用》，《城市与环境研究》2018 年第 1 期。

（二）厘清利益相关者的责任，促进各方统筹合作

以产品为导向的环境治理，需要利益相关方共同承担环境责任。其关键在于，如何在利益相关方之间准确配置责任；否则，各方就很容易以"责任共担"为借口互相推诿，最终导致无人担责。在我国瓶装水产业，直接利益相关者有生产企业和消费者，根据其行为本身对瓶装水环境影响的作用，二者应承担"共同但有区别"的责任。

在瓶装水环境治理中，生产企业应负主要责任。首先，根据生产者责任延伸制度的核心定义，作为生产企业的瓶装水生产商应主动承担产品引发的直接环境责任和延伸环境责任。其次，从环境问题的生成来看，生产瓶装水行为本身的作用力度更大、范围更广。从图 1 可以看出，一瓶瓶装水的生命周期从水源开采到塑料瓶丢弃共有 6 个环节，其中生产企业主导的就有 4 个，而这 4 个也是瓶装水生命周期中消耗资源、排放污染的主要环节。再次，20 世纪 90 年代以来，瓶装水生产企业通过"饮水革命"建构起庞大的消费市场，将我国瓶装水消费量推向世界第一的规模，又通过各种"漂绿"手段引导消费者购买更多的水，产生更多的污染和垃圾。2009～2017 年，《南方周末》连续 8 年发布"中国漂绿榜"，其中涉及瓶装水的就有 4 次。对消费者而言，受市场经济供需调节，当生产者作用于消费者时，消费者也能反作用于生产者。随着政府、环保组织、媒体、学术界等间接环境主体不断加大力度督促生产企业披露相关产品环境信息，消费者在获取更多信息来源、提高环境认知的同时，也更有义务和能力去承担自己的环境责任。消费者可以通过抵制环境不友好产品等方式，对瓶装水生产企业施加压力，促使环境友好型产品不断面世。

（三）尊重市场规律，推动瓶装水产业绿色转型

市场经济是引发产品环境问题的主要来源，对于产品环境问题的治理也应从市场入手。纵观我国瓶装水产业发展史，其与市场经济的关

联尤甚。到 2019 年，我国瓶装水生产企业达到 6.4 万家，瓶装水产量达到 9698.54 万吨，市场规模突破 2000 亿元。① 面对如此庞大的产业和数以亿计的消费者，任何强制手段都难以撼动产业发展的惯性。根据以产品为导向的环境治理模式及其运行机制，我们必须尊重市场规律，通过市场手段推动瓶装水产业实施绿色转型，从而实现环境问题的彻底解决。瓶装水环境治理市场化，要从生产企业和消费者这两大市场主体入手，因为他们共同构建了瓶装水的产业体系。

结合瓶装水生命周期各个阶段产生的环境问题，政府对瓶装水生产企业应采取以下行动。第一，将环境成本与水源开采价格挂钩。优质矿泉水资源具有稀缺性且短时间内不可再生，开采过量会导致断流，也会给水源地生态环境带来破坏，因此要提高优质水源的开采价格，构建水源开采"绿色价格"体系。第二，打造以市场经济为主导的绿色创新体系，鼓励瓶装水企业实施绿色技术创新行动，鼓励企业开展新型轻质 PET 瓶及植物基 PET 瓶研发，减少对 PET 原料的使用，从而减少对化石能源的消耗。第三，开展瓶装水产品资源效率对标提升行动，鼓励企业革新瓶装水生产中的净化和灌装设备，提高水资源使用效率。第四，加快瓶装水中长途运输"公转铁""公转水"，推动物流配送车辆电动化，减少温室气体排放。第五，推动瓶装水生产企业创建切实可行的 PET 瓶逆向回收体系，减少 PET 瓶随意丢弃导致的塑料污染。对瓶装水消费者，应采取以下行动。第一，深入开展绿色生活创建行动，鼓励消费者自带饮用水，减少瓶装水消费。第二，联合瓶装水生产企业，建立健全 PET 瓶有偿回收制度，引导消费者不乱丢废旧瓶。第三，在瓶装水外包装设置能够使消费者辨认自己所饮产品的标识，引导消费者带走自己没有饮用完的水，减少"半瓶水"浪费。第四，建立瓶装水环境影响绿色认证体系，鼓励消费者购买环境影响小的瓶装水产品，倒逼瓶装水产业实施绿色转型。

---

① 李国：《一瓶矿泉水能做多大?》，《农产品市场》2020 年第 23 期。

四 治理优势：产品导向环境治理的整合机制

与传统环境治理模式相比，以产品为导向的环境治理模式的最大优势在于其具有整合性特点，以"整合"视角重新审视产品带来的环境问题，为产品环境治理中的问题、主体、措施整合提供了可能。

（一）以生命周期评价为工具，可对产品生命周期各阶段的环境问题进行整合

生命周期评价，是一种通过定义与产品相关的输入和输出，定量分析这些输入和输出的环境效应，来评估产品环境特性及其环境影响的方法。[①] 生命周期评价由四个相互关联的部分组成：一是目标定义和范围界定，在这一步提出生命周期评价的目的和背景，同时指出所研究产品的系统边界、数据要求、假设及限制条件；二是清单分析，这一步是计算产品整个生命周期的能源投入、资源消耗和废物排放的数据，由于这一阶段需要处理庞大的数据，一般使用软件进行处理；三是影响评价，是对获取的数据进行定量排序，包括分类、特征化、量化三步；四是结果解释，就是把前几个阶段的研究进行归纳以形成结论并提出建议。[②] 目前，国内外环境治理领域都特别关注生命周期评价方法的完善和发展，其应用领域也在不断推广。

如前所述，产品在整个生命周期都会给环境带来不同程度的影响，并导致环境问题的产生。这些环境问题往往分布在不同领域、不同地区并呈现为不同样态，以往对于它们的治理往往是"头痛医头，脚痛医脚"，很难做到统筹治理。采用生命周期评价方法，可以从两个方面解决这一难题。第一，生命周期评价可以帮助我们转变看待环境问题的思

---

① Peña C., Civit B. and Gallego-Schmid A., et al., "Using Life Cycle Assessment to Achieve A Circular Economy," *Life Cycle Assessment*, Vol. 26, No. 2, 2021, pp. 215 – 220.

② 樊庆锌、敖红光、孟超：《生命周期评价》，《环境科学与管理》2007 年第 6 期。

维，即从"点"的思维扩展到"线"的思维。以往我们看待环境问题，只看到问题已经发生的末端，没有对其生成过程进行考察，这是"点"的思维，产品生命周期评价关注环境问题的来龙去脉，对环境问题的成因进行链式考察，是"线"的思维。从"点"到"线"，拓展了我们认识环境问题的深度，为全面、彻底解决环境问题提供了一种新的视角。第二，生命周期评价对产业链条各个环节的环境影响进行追踪和测算，以全面、科学的方式对环境问题进行精准识别，并将其影响程度进行量化分析，有助于寻找并轨处理这些环境问题的技术手段和最佳路径，从而实现环境问题的统筹治理。

（二）以"产品小组"为对话平台，可对产品利益相关者的环境责任进行整合

以产品为导向的环境治理主要目标是解决产品生命周期各阶段的环境问题，但是产品从生产、销售、使用到废弃涉及多方利益主体，因此，如何促进利益相关者参与合作就成为这一治理模式的关键。在欧盟以产品为导向的环境治理实践中，利益相关者的参与合作是通过"产品小组""示范工程"等形式开展的。① 产品小组是指为降低产品不良环境影响而建立的利益相关者小组，其主要目的是为利益相关者搭建一个交流互动的平台。在这个对话平台中，产品利益相关者通过多轮协商，在互相理解各自关切的基础上，共同寻找降低产品不良环境影响或提升产品环境性能的办法。② 一般来讲，产品小组的行动共分为 5 个步骤：利益相关者基于交流获得的信息分析产品整个生命周期的环境影响；确定改善产品环境影响的路径和方法；评估改善产品环境影响的措施所产生的

---

① Ignazio Musu，"Integrated Environmental Policy in the European Union，" *Sustainable Development and Environmental Management*，Springer，Dordrecht，2008，pp. 3 – 15.

② Juntunen J. K. ，Halme M. and Korsunova A. ，et al. ，"Strategies for Integrating Stakeholders into Sustainability Innovation：A Configurational Perspective，" *Product Innovation Management*，Vol. 36，No. 3，2019，pp. 331 – 355.

经济和社会效果；利益相关者协调各自的立场，权衡各种利害关系，选择相应方案并分配相关责任；监督利益相关者承担其各自的环境责任。①

产品利益相关者之间的合作是以责任共担为基础的，但各自承担的责任有所不同。从环境问题的发生来看，利益相关者分为两类：直接利益相关者和间接利益相关者，前者包括生产企业、消费者等，后者包括政府、非政府组织等。② 就生产企业而言，由于其在产品生产之前有着决定性作用，故应在降低产品环境影响上承担首要责任，其责任主要包括：在产品生产之前了解产品的潜在环境影响；对产品生产之后的环境影响承担延伸责任。就消费者而言，由于其是产品的使用/消耗者，同时连接着产品的生产和废弃处置，故应承担以下责任：通过选择环境友好型产品，对生产商施加影响；对产品进行合理利用；对使用后的产品合理处置。就政府和非政府组织而言，其主要通过对直接利益相关者的行为施加影响来促进产品环境特性的改善，例如：采购环境友好型产品，引领社会风尚；推动产品环境政策制定；畅通产品信息渠道，为消费者提供及时、有效的产品环境信息。通过建立"产品小组"等对话平台，厘清利益相关者各自的环境责任并监督其承担落实，可以结束多元环境治理中责任不清、互相推诿的混乱状态，为利益相关者统筹协作指明方向，实现环境主体之间责任的整合。

（三）以市场经济为运行机制，可对产品经济发展与生态环境保护进行整合

产品离不开市场，以产品为导向的环境治理也必须以市场为基础运行。之所以如此，有以下原因。第一，在传统环境治理模式中，"行

---

① David Judge, *A Green Dimension for the European Community*：*Political Issues and Processes*, London：Routledge, 2014, pp. 84 – 105.

② Nathan Kunz, Kieren Mayers and Luk N. Van Wassenhove, "Stakeholder Views on Extended Producer Responsibility and the Circular Economy," *California Management Review*, Vol. 60, No. 3, 2018, pp. 45 – 70.

政规制"成为解决环境问题最重要、最有力的手段，但这一手段也引起生产企业及地方保护主义的反弹，在个别地区，"政经联盟"甚至成为环境污染的保护者。① 更重要的是，企业与环保部门的紧张关系使社会各界产生一种错觉，即环境保护必定阻碍经济发展，使环境保护与经济发展呈现严重的对立状态。第二，市场经济繁荣导致各种产品层出不穷，每天都有大量新的产品进入市场，但是相应的产品环境信息却很难获取，这在一定程度上增加了政府开展"产品导向"环境治理的难度。第三，随着产品增加，围绕产品的利益相关者也随之增加，面对为数众多的生产商和消费者，政府很难对其具体行为做出预测。因此，必须依赖市场手段，吸引利益相关者主动参与到环境治理中来。

运用市场机制开展环境治理有以下优势：第一，有利于在各利益相关者之间形成一种相互信任和尊重的氛围，促进利益相关者之间的合作；第二，有助于"生态自觉型"企业出现并成长，这类企业的负责人具有较强的环保意识，往往主动采用环保技术并利用市场机遇发展生态产品，是引领产业绿色转型的关键主体；② 第三，有助于弥合环境保护与经济发展之间的对立状态，转变人们的思维意识，明确告知人们环境保护不会阻碍经济发展，经济发展也不能无视环境保护，只有破除经济发展和环境保护的"伪零和博弈"，才能促进产业经济和生态环境双赢发展。以市场经济为运行机制开展环境治理，主要是通过建立合理的价格体系来实现。价格是调节市场的有力工具，如果产品价格能够包含产品的环境成本，那么市场就能自动建立起一套"绿色价格"体系，对环境友好型产品做出选择。但是，现有市场经济在产品定价上存在严重缺陷，即产品价格未能将产品的环境成本包含进去，因此必须通过各种措施将产品的环境成本内化，使之包含在产品的价格之内。为此，可为环境友好型产品设立相关标准并对生产企业进行专项补贴，以鼓励

---

① 张玉林：《政经一体化开发机制与中国农村的环境冲突》，《探索与争鸣》2006 年第 5 期。
② 陈阿江：《再论人水和谐——太湖淮河流域生态转型的契机与类型研究》，《江苏社会科学》2009 第 4 期。

企业生产、消费者选择更多的环境友好型产品（见图 2）。

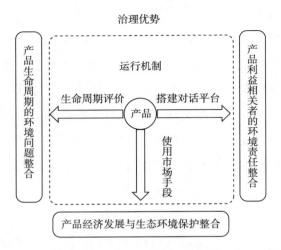

图 2 以产品为导向的环境治理模式的运行机制和治理优势

总的来看，以产品为导向的环境治理模式以产品为治理"抓手"和物质"载体"，展现出强大的环境治理优势。首先，它实现了不同环境问题之间的整合治理，以产品为导向的环境治理将产品作为解决各种环境问题的物质"载体"，在全面、系统分析产品整个生命周期环境影响的基础上，采用科学方法和精准手段，降低了产品生命周期各个阶段的不良环境影响。其次，它实现了环境治理主体之间的统筹合作，以产品为"抓手"，将围绕产品的利益相关者凝聚起来，实现了利益相关者的参与合作和责任共担。再次，它实现了产业经济和环境保护的统筹发展。传统环境治理模式往往采用"行政规制"的方式，对违规企业进行处罚，不仅成本高，也容易使企业产生逆反心理。以产品为导向的环境治理根据市场经济运行机制，综合采用经济措施，有利于企业主动参与到环境治理中来，实现产业的绿色转型。

五 结论与讨论

2021 年 3 月，全国人大表决通过的"十四五"规划和 2035 年远景目标纲要就推动绿色发展目标建设提出以下要求：在深入开展污染防治方面，"坚持源头防治、综合施策，强化多污染物协同控制"；在健全现代环境治理体系方面，"引导社会组织和公众共同参与环境治理"；在发展方式绿色转型方面，"协同推进经济高质量发展和生态环境高水平保护"。在环境治理领域，这些要求明确指向三个目标：环境问题的统筹治理、环境治理主体的统筹合作以及经济建设与环境保护的统筹发展。然而，我国环境治理实践中长期采用的是"末端治理""过程治理"等局部治理模式。末端治理主要通过减少某一污染物的排放来达到环境治理的目的，但这种治理方式只是转移了污染源，并未减少污染物的总量，不能从根源上解决环境问题。过程治理强调单个企业通过"清洁生产"等管理方式来降低不良环境影响，但这一治理方式提升环境绩效的空间也十分有限，因为在整个产业链条中局限于单个企业并不能提升上下游企业的环境绩效。总之，这两种治理模式都不能达到"十四五"规划和2035年远景目标纲要提出的目标要求。

以产品为导向的环境治理模式强调产品生命周期各阶段环境问题的协同共治，产业链条上的利益相关者共同承担环境责任，有效提高了产业的整体环境绩效。目前，以产品为导向的环境治理已经成为西方发达国家较为普遍的做法，在国内的实践探索也日益增加，成为引领环境治理实践的新趋势。根据以产品为导向的环境治理模式及其运行机制，笔者对我国瓶装水环境问题治理进行了探索，发现这一治理模式确实可为我国环境治理实践提供切实可行的操作方法，同时对"十四五"规划推动绿色发展目标建设也有重要借鉴作用。普及生命周期思想，可以转变我们看待环境问题的视角；实施产品生命周期评价，有助于推进精准、科学、系统治理环境污染，实现多种环境问题的协同治理；为利益相关者搭建对话平台，有利于构建多元治理主体共同参与的现代环境治理体系；尊重市场规律，有利于弥合环境保护与经济发展之间的裂隙，推动我国产业发展全面绿色转型。

但是我们也要看到，以产品为导向的环境治理模式在我国起步较晚，还需要进一步优化改进。首先，要完善生命周期评价体系，研发适合我国产品的软件工具，建立相关数据库，在更多产品中开展生命周期评价；其次，要以"产品小组"等组织形式为借鉴，以生产企业、行业协会、政府、消费者等利益相关者为责任主体，选择重点产品开展持续对话和责任探讨；再次，要灵活运用市场手段，建立健全"绿色价格体系"，鼓励环境友好型产品生产与消费，促进产业实施绿色转型。

气候变化背景下塔里木河流域洪水灾害的
经济社会影响及应对[*]

冯　燕^{**}

摘　要： 以冰川融水为主要补给源的内陆河受气候变化
的影响最为显著。气候变暖导致冰川融化加速，叠加夏季降水
量和次数的增加，新疆塔里木河流域河流径流量激增进而引
发洪水。1987 年是新疆气候向暖湿化发展的拐点，20 世纪 90
年代以来，塔里木河流域的洪水发生频率加快、量级呈现显著
增长。洪水漫溢和补给地下水维护了流域天然绿洲的生态系
统平衡，但是对当地工农业生产、道路交通、水利设施和旅游
经济均带来了破坏性的影响。政府转变治水思路，结合流域综
合治理，完善防洪减灾工作体系；村庄积极响应政府的防洪安
排，减少洪灾损失；村民对被淹土地施用有机肥和种植短期蔬

---

* 本研究是国家社科基金项目"生态文明视域下西北荒漠绿洲地区人水关系演变及应对研
究"（项目号：20CSH079）、陕西省社科基金项目"乡村振兴视域下陕南地区生态宜居美
丽乡村建设研究"（项目号：2019G006）、中央高校基本科研业务专项资金项目"高质量绿
色发展视域下秦岭南北麓生态宜居美丽乡村建设研究"（项目号：2022ZYYB27）的阶段性
成果。喀什大学的周艳老师对于调研提供了极大的帮助，热拉依木·艾山、阿娣来·阿地
里、西合力买·艾肯、阿米乃·哈斯木等同学参加了课题的相关田野调查，承担了访谈和
访谈内容整理等工作，学生李巧格协助制作了图表，特此感谢。

** 冯燕，陕西师范大学社会学系副教授，研究方向为环境社会学。

菜降低洪灾的不利影响。长期来看，冰川作为"固体水库"对河流径流量的调节作用将逐渐减弱甚至消失，这将对极端干旱的塔里木河流域未来的经济社会发展带来极大的挑战。

关键词：气候变化 冰川融化 塔里木河流域 洪水灾害

一 导言

沙漠会发洪水吗？

答案是肯定的，想必也是出乎人们意料的。但就在 2022 年 8 月 12 日，相关报道显示，"新疆塔里木河干流及其支流叶尔羌河、阿克苏河、渭干河等 21 条河流发生超警戒流量以上洪水……新疆维吾尔自治区水利厅及时启动洪水防御Ⅳ级应急响应"[①]。2021 年 7 月 19 日，新疆塔克拉玛干沙漠遭遇了洪水的袭击。中石化集团公司的官方微博发布视频记录下了"沙漠洪水"这一罕见场景。中石化西北油田玉奇片区超过 300km^2 被淹没，油区道路多处被冲毁，电线杆倾斜，50 台石油勘探车辆和 3 万台装备被浸泡在水中，石油工人奋起在沙漠中抗洪保产。[②] 无独有偶，2010 年 8 月，中石化西北油田分公司塔里木河油田在新疆塔里木河和渭干河洪水的夹击下，28 座油井被迫关停。[③]

在人们的印象中，西北干旱少雨，为什么会发生洪水呢？

这与当地的地理环境和气候变化紧密相关。塔克拉玛干沙漠地处塔里木盆地中心。而塔里木盆地四面环山，被天山、昆仑山和阿尔金山

---

① 《新疆塔里木河发生超警洪水 水利部门全力防范应对》，中华人民共和国水利部，http://www. mwr. gov. cn/xw/slyw/202208/t20220812_1591084. html，最后访问日期：2022 年 9 月 25 日。

② 中国石化：《沙漠里发"洪水"，你见过吗？》，新浪微博，m. weibo. cn/u/3429300952，最后访问日期：2022 年 9 月 25 日。

③ 北青网：《活久见！沙漠竟然发洪水了！300 多平方公里被淹没》，新浪新闻，http://k. si-na. com. cn/article_2090512390_7c9ab00602001mqh4. html，最后访问日期：2022 年 9 月 25 日。

所环绕，地势西高东低，分为高原区、山前平原区和沙漠区。高原区山势巍峨，海拔高度均在 2000m 以上，5000m 以上的山峰常年积雪，是盆地诸河流的主要补给源，形成了向盆地内部流动的向心水系，包括阿克苏河、喀什噶尔河、叶尔羌河、和田河、开都河 - 孔雀河（含迪那河）、渭干河 - 库车河、克里雅河和车尔臣河等八大水系 144 条河流和塔里木河干流。行政区划上，塔里木河流域覆盖整个南疆地区，包括阿克苏地区、喀什地区、和田地区、克孜勒苏柯尔克孜自治州（简称克州）和巴音郭楞蒙古自治州（简称巴州），还涉及伊犁哈萨克自治州、哈密市、吐鲁番市部分行政区面积。全球气温升高导致冰川加速融化，叠加夏季降水量增加，塔里木河径流量激增，导致上述沙漠地区也能发生洪水。同时，当地高峰林立，险峻陡峭，地势落差大，洪水量大急促，极易引发山洪和泥石流，破坏性极大。

历史上，塔里木河流域也时常发生洪水。塔里木河，在古突厥语中的意思是"注入湖泊沙漠之水"，但因其不断改道，在先秦时期即有"乱河"之称。成书于西周的《山海经》曾记载："郭虦之水西流注于渤泽，盖乱河自西南注也。"郭虦之水指今日的孔雀河水系，渤泽即罗布泊，乱河则是塔里木河。[1] 这一记载呈现了塔里木河与孔雀河河网交错，塔里木河狂涛奔腾，如一匹暴烈的野马涌入罗布泊的情景。史料记载的最早的洪水灾害发生在汉朝征和四年（前 89 年），"会连雨雪数月，畜产死，人民疫病，谷稼不熟"[2]。清朝政府收复新疆后，利用屯田驻军的方式对新疆进行管理和开发，而洪水一直是屯田驻军口粮和生产生活安全的最大威胁。屯田驻军也积极采取措施与洪水进行博弈。如乾隆二十六年（1761 年）六月，"喀喇沙尔河水（开都河）忽涨三

---

① 王嵘：《塔里木河传》，保定：河北大学出版社，2010 年，第 13 页。
② 温克刚主编、史玉光本卷主编《中国气象灾害大典·新疆卷》，北京：气象出版社，2006 年，第 78 页。

尺，流至焉耆城下，防护屯田处所筑堤二千四百余丈，幸保无虞"①。嘉庆九年（1804 年）七月下旬，"叶尔羌河发洪水，沿河农田村庄和各军台被水淹浸"②。此后，道光、咸丰、同治、光绪年间，屯田驻军也频繁遭遇洪水的袭击。

20 世纪 80 年代以来，全球气候变暖，塔里木河流域作为一个相对独立的生态系统，流域气候与全球气候变化同步，呈现了明显的暖湿化趋势，洪水发生频次增加。2013 年，政府间气候变化专门委员会（IPCC）第五次评估报告指出，1880～2012 年，全球地表平均温度大约升高了0.85℃，并且呈加速升温的趋势。③ 2019 年，IPCC《气候变化与土地特别报告》指出，从 1850～1900 年到 2006～2015 年，全球陆地增温 1.53℃，接近全球海陆平均增温 0.87℃的两倍。④ 塔里木河流域自 20 世纪 60 年代至 90 年代，气温平均升高了 0.7℃，降水量平均增加了 22.6%，洪水发生频次增加了近 1 倍，并且呈现持续增加的趋势。尤其是 20 世纪 90 年代，洪水发生次数占 1950 年以来洪水发生总次数的 32%。⑤ 全球变暖导致干旱区极端降水强度增加、次数更加频繁。⑥ 极端降水强度增加导致洪水灾害等极端气候事件发生的风险概率提高。如果缺乏有效措施降低洪水造成的损失，至 21 世纪末全球洪水造成的经济损失可能会比当前增加 20 倍，且社会经济增长也会进一步加剧洪水造成的损失。⑦ 洪水灾

① 温克刚主编、史玉光本卷主编《中国气象灾害大典·新疆卷》，北京：气象出版社，2006年，第 78 页。

② 温克刚主编、史玉光本卷主编《中国气象灾害大典·新疆卷》，北京：气象出版社，2006年，第 78 页。

③ IPCC，*Climate Change 2013：The Physical Science Basis*，Cambridge University Publish，2013，pp. 5－8.

④ 贾根锁：《IPCC〈气候变化与土地特别报告〉对陆气相互作用的新认知》，《气候变化研究进展》2020 年第 1 期。

⑤ 陈亚宁等：《新疆塔里木河流域生态水文问题研究》，北京：科学出版社，2010 年，第 160～161 页。

⑥ Ingram W.，"Extreme Precipitation Increases All Round，" *Natrue Climate Change*，No. 6，2016，pp. 443－444.

⑦ Hessel C. Winsemius，Jeroen C. J. H. Aerts and Ludovicus P. H. Van Beek，"Global Drivers of Future River Flood Risk，" *Natrue Climate Change*，No. 6，2016，pp. 381－385.

害造成的经济财产损失超过干旱灾害，洪水灾害造成牲畜死亡和人口伤亡数分别是干旱灾害的 2.76 倍和 28 倍。[①] 可见，洪水灾害对我国经济发展和人民生命财产的威胁随着全球气候变化变得更加严峻。

洪水灾害具有自然和社会双重属性，洪水灾害的成因、变化和分布规律及其对经济、社会产生的影响，与其所处的自然和社会环境紧密相关。因此，本文在气候变化的背景下探讨新疆塔里木河流域洪水灾害频发的原因，洪水的变化趋势，对当地的生态环境、经济社会产生的影响，以及人们如何应对等问题。

本文采取文献研究和深度访谈相结合的方法。查阅自然科学领域关于塔里木河流域气候变化、径流量变化的研究和数据，厘清气候变化与洪水发生之间的关系。收集和统计相关地方志、统计年鉴、气象灾害大典、国家统计局等关于洪水灾害发生以及产生灾害的数据，呈现洪水灾害造成的经济社会影响。与当地村干部、村民进行深度访谈，了解村庄、村民采取怎样的措施抵御或降低洪水灾害带来的负面影响。

二 气候变化、冰川消融与洪水灾害

塔里木河干流是干旱区纯耗散型内陆河，自身不产流，水资源全部来自其源流区冰川融水和降水补给。天山南坡的阿克苏河、喀喇昆仑山北坡的叶尔羌河、昆仑山北坡的和田河与天山北脉的开都河－孔雀河是塔里木河干流的主要源流，形成"四源一干"。阿克苏河是最大的源流，常年为塔里木河供水，占干流水量的 74%；和田河是第二大给水源流，每年 7～9 月汇入塔里木河，占干流水量的 20.35%，其余时间断流；叶尔羌河自 1964 年后大部分水量被引入小海子水库和永安坝水库，只在丰水年有少量汇入塔里木河，占干流水量的 0.51%；开都河－孔

---

① 叶松柏、赵成义、姜逢清、施枫芝：《近 300a 来塔里木河流域旱涝灾害特征分析》，《冰川冻土》2014 年第 1 期。

雀河为塔里木河干流下游灌区输水，占干流水量的 4.7%。[①]

由于塔里木河的水源特征，气温和降水是影响其流域径流量大小的关键气候要素。塔里木河流域内平均气温在 1961～2010 年上升了 0.8℃～1.5℃，且 20 世纪 90 年代后上升趋势更加明显，这和全球变暖的趋势一致。气温上升幅度几乎是全球近百年气温上升幅度的两倍。塔里木河流域近 50 年来的气温以 0.28℃/10a 的速度上升。与 20 世纪 60 年代平均气温相比，21 世纪初（2001～2010 年）塔里木河流域年平均气温上升最快，升高了 1.2℃。[②] 从季节尺度看，四季气温上升都很明显，且以冬季温度上升最为明显。陈亚宁等通过比较多个模式对区域降水和温度的模拟能力，发现各模式对塔里木河流域气温模拟效果都相对较好，并且区域气候模式 CCLM 对于极端气候要素和极端气候指数的模拟效果较好，且偏差正方法能很好地改进模式模拟数据，提高了未来变化的可信度。全球气候模式预估结果表明，2011～2050 年塔里木河流域气温呈上升趋势，气温上升幅度在 0.5℃～2.4℃。[③]

冰川融水是塔里木河上中游源流区的重要补给水源，比重均高于 50%（见表 1）。随着气温升高，冰川融化的速度不断加快。塔里木河流域共有现代冰川 14285 条，面积 23628.98km^2，冰储量 2669.435km^3，其中和田河和叶尔羌河流域的冰川面积占全流域冰川面积的 54%。1961～2006 年塔里木河流域年平均冰川融水径流量为 144.16 亿 m^3，冰川融水对河流径流的平均补给率为 41.5%。因此，塔里木河径流量受气候变化的影响十分显著。气温升高导致冰川融水对塔里木河径流的贡献在 1990 年之后明显增大，3/4 以上的径流量增加源于冰川退缩，[④]

① 陈亚宁、苏布达、陶辉、赵成义、毛炜峄主编《塔里木河流域气候变化影响评估报告》，北京：气象出版社，2014 年，第 30 页。
② 陈亚宁、苏布达、陶辉、赵成义、毛炜峄主编《塔里木河流域气候变化影响评估报告》，北京：气象出版社，2014 年，第 3 页。
③ 陈亚宁、苏布达、陶辉、赵成义、毛炜峄主编《塔里木河流域气候变化影响评估报告》，北京：气象出版社，2014 年，第 21 页。
④ 陈亚宁、苏布达、陶辉、赵成义、毛炜峄主编《塔里木河流域气候变化影响评估报告》，北京：气象出版社，2014 年，第 34、38、40 页。

阿克苏河和叶尔羌河的径流量比 20 世纪 50 年代增加 19.0 亿 m^3，增加了约 10.9%。[①] 刘时银等通过应用大比例尺地形图、卫星遥感影像及航空摄影照片呈现了塔里木河流域 3000 多条冰川的变化情况。塔里木河流域冰川虽有处于前进状态的，但退缩冰川数量占冰川总量的 73.9%。其中，叶尔羌河退缩冰川面积占冰川总面积的 81.2%。[②] 李忠勤等指出到 2030~2040 年，新疆小于 $2km^2$ 的冰川产流量会急剧减少，50 年后，占天山冰川总条数 80% 以上的小冰川大多会消融殆尽。[③]

表 1　塔里木河主要源流径流构成统计

单位：%

水系	河流	径流组成		
		冰川融水	降水	地下水
和田河	玉龙喀什河	64.9	17.0	18.1
	喀拉喀什河	54.1	22.1	23.8
叶尔羌河	叶尔羌河	64.0	13.4	22.3
阿克苏河	昆马力克河	52.4	30.4	17.2
	托什干河	24.7	45.1	30.2
开都河 - 孔雀河	开都河	15.2	44.0	40.8

资料来源：陈亚宁、苏布达、陶辉、赵成义、毛炜峄主编《塔里木河流域气候变化影响评估报告》，北京：气象出版社，2014 年，第 34 页。

受全球气候变化以及中纬度西风环流带来的水汽影响，塔里木河流域近几十年降水量明显增大，平均增长速度为 7.3mm/10a。1961~1970 年，流域年降水量均值为 83.6mm；1971~1980 年，降水量均值为 85.4mm；1981~1990 年，降水量均值为 94.7mm；1991~2000 年，降

[①] 陈亚宁等：《新疆塔里木河流域生态水文问题研究》，北京：科学出版社，2010 年，第 64 页。

[②] 刘时银、丁永建、张勇、上官冬辉、李晶、韩海东、王健、谢昌卫：《塔里木河流域冰川变化及其对水资源影响》，《地理学报》2006 年第 5 期。

[③] 李忠勤、李开明、王林：《新疆冰川近期变化及其对水资源的影响研究》，《第四纪研究》2010 年第 1 期。

水均值为 108.8mm；2001～2010 年，降水量均值为 111.5mm。与 20 世纪 60 年代的降水量均值相比，2001～2010 年的降水量均值增加了约 33%。[①] 塔里木河流域四季的降水量都有增加，并且降水主要集中在夏季，夏季降水量的年际变化与年降水量的年际变化趋势基本一致。倪明霞等指出，南疆地区降水量以（20.46～8.56）$*10^8 m^3/10a$ 的幅度增长，北缘地区比南缘地区增长得更快更显著。[②] 许崇海等在 IPCC AR4 的基础上对新疆地区进行模拟，结果显示，21 世纪前半叶，新疆年平均降水量增加幅度不大，到 21 世纪末降水量增加 10% 以上。[③] 降水量的增加会对流域水资源产生深刻的影响。

夏季，高温引发冰川融化加剧，降水量又急促集中，两相叠加，塔里木河流域径流量激增，导致洪水灾害呈多发趋势。新疆维吾尔自治区近 50 年来的气候变化趋势表明，其温度和降水量都呈现上升的趋势，10 年平均气温升高了 0.2℃，降水量增加了 15mm。[④] 1987 年是新疆气候由暖干向暖湿方向转变的拐点，塔里木河流域气温在 1987 年呈跳跃式上升，加速了山区冰川资源的消融，从而加大了冰川融水对径流量的补给，降低了 4～9 月连续枯水的发生概率。1990 年以后冰川融水对河流径流量的贡献明显加大。1991～1998 年，降水量是影响径流量周期变化的主要因素。1998 年之后，径流量受气温和降水量的共同影响。因此，塔里木河流域洪水发生季节一般集中在 5～9 月，暴发洪水的比例占全年的 77.4%，洪水发生率最高的月份是 7 月和 8 月。[⑤] 按照洪水

① 陈亚宁、苏布达、陶辉、赵成义、毛炜峄主编《塔里木河流域气候变化影响评估报告》，北京：气象出版社，2014 年，第 5、18 页。

② 倪明霞、段峥嵘、夏建新：《气候变化下南疆主要河流径流变化及水资源风险》，《应用基础与工程科学学报》2022 年第 4 期。

③ 许崇海、徐影、罗勇：《新疆地区 21 世纪气候变化分析》，《沙漠与绿洲气象》2008 年第 3 期。

④ 孙鹏、张强：《新疆塔里木河流域洪旱灾害模拟分析及时空演变特征研究》，北京：科学出版社，2018 年，第 255 页。

⑤ 施雅风、沈永平、李栋梁、张国威、丁永建、胡汝骥、康尔泗：《中国西北气候由暖干向暖湿转型的特征和趋势探讨》，《第四纪研究》2003 年第 1 期。

的成因和灾害特点可分为暴雨型、升温型、暴雨升温混合型及溃坝型洪水，分别占比 24%、39%、34% 和 3%。[①] 阿克苏地区、克州和喀什地区洪水发生的规律具有相似性：1960 年和 1990 年达到两个顶峰；从 1980 年开始洪水发生次数呈现迅猛增加趋势，洪水集中大量发生，规模是 1980 年以前的 2 倍左右。[②] 和田地区在 1980 年以前洪水发生次数较少，多数年份没有发生过洪水，但是 1980 年以后几乎每年都发生洪水。1990 年达到顶峰，洪水最高一年发生 5 次。巴州从 1960 年开始直到 1988 年洪水发生次数呈现快速上升过程，并且在 1988 年达到顶峰后一直处在高位，至今没有出现回落过程。[③] 叶松柏等研究了近 300 年来塔里木河流域旱涝灾害的分布特征及关键影响因素，指出塔里木河流域旱涝灾害呈增长趋势，且洪涝事件较干旱事件的增长趋势明显。其中，喀什、阿克苏等地的发生频率最高，并呈现群发性特征；塔里木河流域旱涝灾害呈现 15 年的周期性，灾害由"点"向"面"的转化趋势明显。[④]

从灾度指标看，塔里木河流域是新疆洪水灾害的高发区域。以社会财产损失 ≥100 万元、受灾面积 ≥1 万亩且有人口直接死亡作为重大洪水灾害的指标，并选取牲畜死亡总数 ≥2500 头、损失树木 ≥3500 株、倒塌房屋 ≥500 间作为辅助灾度指标。新疆从 1951 ~ 2000 年的 50 年中，一共发生重大洪水灾害 802 县次，平均每年发生重大洪水灾害 16 县次。发生重大洪水灾害次数最多的地方是塔里木河流域的阿克苏、喀什两个地区，50 年中发生重大洪水灾害的次数占所有重大洪水灾害发生次数的 32.8%。其中，阿克苏地区 50 年来共发生重大洪水灾害 144 县次，喀

---

① 温克刚主编、史玉光本卷主编《中国气象灾害大典·新疆卷》，北京：气象出版社，2006 年，第 75 页。

② 孙鹏、张强：《新疆塔里木河流域洪旱灾害模拟分析及时空演变特征研究》，北京：科学出版社，2018 年，第 263 页。

③ 孙鹏、张强：《新疆塔里木河流域洪旱灾害模拟分析及时空演变特征研究》，北京：科学出版社，2018 年，第 264 页。

④ 叶松柏、赵成义、姜逢清、施枫芝：《近 300a 来塔里木河流域旱涝灾害特征分析》，《冰川冻土》2014 年第 1 期。

什地区共发生 119 县次；巴州 50 年来发生重大洪灾 47～87 县次；克州、和田地区 50 年来发生重大洪灾 18～35 县次。[①]

三　气候变化引发洪水产生的生态效应

塔里木河流域由于生态系统脆弱，对于气候变化的敏感性极高，洪水发生量级、频率呈上升趋势，洪水处于"丰富"期。塔里木河流域是一个由高山冰川－高山冷湿草甸－中山湿润森林－低山半干旱灌草－干旱荒漠绿洲构成的生态系统，具有农业生产资源相对丰富和生态环境极端脆弱的双重特点。洪水灾害对该流域生态环境产生深刻影响。

通常，人们关注洪水灾害的消极面，如淹没农田、冲毁道路和房屋，忽视了干旱区内陆河的洪水通过漫溢或有序引水，具有维持河流生态功能的作用。塔里木河干流通过洪水漫溢和渗漏补给地下水维持了两岸植被生机，维护了绿洲生态系统的平衡，阻隔了人工绿洲和荒漠的连接，发挥了天然生态屏障的作用。

首先，塔里木河洪水漫溢改善了两岸林地水分条件、提高了地下水位，使得两岸植被灌溉充分。洪水漫溢范围较大，渗透水流能够保持周围地区具有较高的地下水位，有利于浅根系草甸植被的生长与繁殖，提高乔灌草植被的生物产量，维持深根系植物如胡杨的生长。洪水漫溢区的植被死亡少、植被覆盖率高也说明了洪水的作用。资料显示，塔里木河上中游洪水漫溢频繁，植被面积分别为 929.91 万亩和 936.42 万亩，胡杨面积分别为 515 万亩和 281 万亩，约占植被总面积的 55.38% 和 30.01%。塔里木河下游的水量大幅度减少，无洪水漫溢现象，植被生长范围较小，面积约为 244.55 万亩，胡杨面积约为 61.89 万亩，约占 25.31%。[②]

---

① 温克刚主编、史玉光本卷主编《中国气象灾害大典·新疆卷》，北京：气象出版社，2006 年，第 77 页。

② 胡春宏、王延贵、郭庆超、胡建华等：《塔里木河干流河道演变与整治》，北京：科学出版社，2005 年，第 188 页。

根据胡春宏等人统计的资料，随着洪水漫溢量逐渐减少，单位河长植被面积也呈逐渐减少的趋势。吐皮塔西提以上河段，河道输水能力较强，有洪水漫溢情况发生，单位河长植被面积为每千米 1.10 万亩~1.61 万亩（见表 2）；吐皮塔西提至乌斯满河段是洪水漫溢最严重的区域，单位河长植被面积为每千米 3.39 万亩；乌斯满至恰拉河段，洪水漫溢情况减轻，单位河长植被面积为每千米 1.30 万亩；恰拉以下河段，来水量大幅减少，无洪水漫溢机会，植被生长范围大幅度减小，恰拉至大西海子河段，单位河长植被面积为每千米 0.82 万亩；大西海子以下河段仅为每千米 0.49 万亩。

表 2　塔里木河干流河道植被沿程分布与洪水漫溢情况

河段	河长（千米）	植被面积（万亩）	单位河长植被面积（万亩/千米）	漫溢情况
阿拉尔以上	48.00	52.92	1.10	有洪水漫溢
阿拉尔－吐皮塔西提	327.00	525.24	1.61	有洪水漫溢
吐皮塔西提－乌斯满	304.01	1029.55	3.39	洪水漫溢严重
乌斯满－恰拉	213.99	278.62	1.30	洪水漫溢较少
恰拉－大西海子	108.00	88.71	0.82	无洪水漫溢
大西海子以下	320.00	155.84	0.49	无洪水漫溢

资料来源：根据塔里木河干流河道植被沿程分布与洪水漫溢的关系统计表整理所得，参见胡春宏、王延贵、郭庆超、胡建华等《塔里木河干流河道演变与整治》，北京：科学出版社，2005 年，第 193 页。

其次，洪水漫溢有利于胡杨种子的传播与繁殖。胡杨种子成熟期与洪水多发期相吻合，种子飘落到河滩上，漫溢的洪水对胡杨种子有灌溉作用。同时，洪水漫溢还可将种子输送到两岸 20km 以内的区域，扩大胡杨生长的范围，从而增强胡杨自然更新的能力。沙雅二牧场至乌斯满河段两岸形成了 10km 至 20km 的带状胡杨林。

再次，洪水漫溢对于维持塔里木河干流两岸自然湿地具有重要作用。塔里木河有"无疆之马"的别称，意指历史上塔里木河经常改变河道，南北摆荡幅度达到 130km，留下众多古河道。经过风沙的作用，河道两岸会形成一定深度的沙坑。洪水漫溢后，这些局部洼地上就会形成大范围的积水和湿地。湿地内生长种类多样的动植物和微生物，维持了塔里木河干流两岸的生物多样性。

最后，洪水漫溢可减轻河道两岸土壤的盐渍化程度。塔里木河流域开垦的土地大多是干排积盐地。为了洗盐而加大灌溉水量，形成盐渍化越重灌溉越多、灌溉越多盐渍化越重的恶性循环，导致部分土地弃耕，形成"盐赶人走"的局面。洪水泛滥或漫溢后，可以淋洗土壤盐分，使盐分随洪水而运动，降低土壤含盐量。

虽然洪水对维持塔里木河流域的生态环境有一定的积极作用，但是随着全球气候变暖，主要仰赖于冰川融水的塔里木河流域仍然面临严峻的问题。冰川作为西北干旱区的"固体水库"具有举足轻重的作用。干暖年份，虽然降水量减少，但夏季气温增高，冰川消融量增大，有效弥补了降水量的不足；冷湿年份，冰川消融量因低温而减少，但降水量增加，对水量进行调节，从而保证塔里木河流域年际径流量的相对稳定。但是随着气候的暖湿化变化，冰川面积处于加速萎缩状态，冰川储量逐年减少，冰川产流面积减少，冰川径流对河流径流量的调节作用逐渐减弱。在冰量减少的同时，冰川末端待萎缩区域仍在继续产流，但其产流量会随着末端区域的不断减少而最终趋于零。刘时银等指出，塔里木河流域的冰川面积以年均 36.1km^2 的速度减少，冰川径流量以年均 1.27 亿 m^3 的速度降低，1963～1999 年冰川径流量累计降低 893.4 亿 m^3。[①] 短期内，冰川融水使径流量增加，绿洲面积扩大，但从长期来看，冰川径流量降低将给本就干旱的塔里木河流域带来严重的影响。

四　气候变化引发洪水产生的经济、社会影响

塔里木河流域占新疆面积的 61%，以绿洲灌溉农业为经济主体，

---

① 刘时银、丁永建、张勇、上官冬辉、李晶、韩海东、王健、谢昌卫：《塔里木河流域冰川变化及其对水资源影响》，《地理学报》2006 年第 5 期。

以占塔里木河流域不到5%面积的绿洲集中了流域90%以上的生产力，创造了流域近99%的物质财富，哺育了流域95%以上的人口。[①] 洪水灾害的频发对于当地经济建设和生产生活安全产生了诸多不利影响。

首先，新疆是农业重要产区，塔里木河流域又是新疆的农业基地，其农业生产的稳定发展受到洪水灾害的严重制约。随着经济社会的发展和人口增长，流域耕地面积不断扩大。2008年末，流域耕地面积达到1693.43千公顷，较1990年的1005.89千公顷增加了687.54千公顷。农业在流域经济中占有举足轻重的地位，特别是喀什与和田地区，农业生产总值占GDP比重超过50%，阿克苏地区的占比也高达33.47%。[②] 1999年以前，塔里木河流域第一产业在三大产业中占比最高，2000年以后经过产业结构调整，占比最低。但是塔里木河流域第一产业的总产值在GDP中的比重仍然很高，一直高于新疆平均水平。

虽然没有专门针对塔里木河流域洪水灾害的数据，但是新疆历年洪水灾害的数据在一定程度上反映了洪水灾害对该流域农业生产造成的危害。笔者通过对《中国气象灾害大典·新疆卷》《中国水利年鉴（1990—2005）》《中国水旱灾害公报（2006—2021）》等数据的梳理，结合徐羹慧等对于1950～1997年新疆洪水的统计资料，[③] 整理了新疆1950～2021年洪水导致的受灾农田和受灾人口情况，具体见表3。

表3　新疆洪水受灾农田和受灾人口统计

单位：千公顷，万人

年份	农田受灾面积	受灾人口
1950～1959	52.20	2.59
1960～1969	48.40	3.74

---

① 陈亚宁、苏布达、陶辉、赵成义、毛炜峄主编《塔里木河流域气候变化影响评估报告》，北京：气象出版社，2014年，第57页。

② 陈亚宁、苏布达、陶辉、赵成义、毛炜峄主编《塔里木河流域气候变化影响评估报告》，北京：气象出版社，2014年，第59页。

③ 徐羹慧、陆帼英：《21世纪前期新疆洪旱灾害防灾减灾对策研究》，《沙漠与绿洲气象》2007年第5期。

续表

年份	农田受灾面积	受灾人口
1970～1979	42.80	8.12
1980～1989	284.50	492.96
1990～1999	599.10	615.48
2000～2009	673.31	356.48
2010～2021	880.23	416.50

资料来源：根据《中国气象灾害大典·新疆卷》《中国水利年鉴（1990—2005）》《中国水旱灾害公报（2006—2021）》等数据整理所得。

由表 3 可知，因洪水受灾的农田面积和人口数量从 20 世纪 80 年代开始显著增加，由于气候变暖，冰川融水增加，夏季降水显著增多，洪灾损失增大。1987 年，塔里木河上游发生重涝，当年 6 月，3 个县遭受暴雨、洪水、冰雹的袭击，受灾农田 17 千公顷，受灾牲畜 14239 头；1988 年，塔里木河中游和下游发生重涝，当年 6～8 月，中游和下游县市遭受 6 次大雨、暴雨和洪水，57.2 千公顷农田受灾，粮食和油料损失 1116 吨，仅若羌的损失就达 0.36 亿元。与 20 世纪 50 年代相比，20 世纪 80 年代和 20 世纪 90 年代的农田受灾面积分别增加了 4.45 倍和 10.48 倍，受灾人口分别增加了 189.33 倍和 236.64 倍。其中 1996 年是新疆洪水灾情最重的年份，直接经济损失高达 48.28 亿元，约为当年新疆 GDP 的 7%。[①] 20 世纪 90 年代以后，洪水发生次数显著增加，大量级洪水接连出现，造成的损失显著上升。2000～2009 年、2010～2021 年的农田受灾面积又比 20 世纪 80 年代增加了 1.37 和 2.09 倍，受灾人口则比 20 世纪 80 年代减少了 136.48 万人和 76.46 万人。其中 2002 年、2010 年和 2016 年是新疆洪水灾害较为严重的年份，受灾农田分别为 250.33 千公顷、136.53 千公顷和 415 千公顷。2016 年是新疆农业生产遭受洪灾影响最重的年份，农田受灾面积 415 千公顷，农田成灾面积 174.25 千公顷，农作物绝收 34.07 千公顷，农业经济损失 5.77 亿元，

[①] 徐羹慧、陆帼英：《21 世纪前期新疆洪旱灾害防灾减灾对策研究》，《沙漠与绿洲气象》2007 年第 5 期。

占当年直接经济总损失 38.79 亿元的 14.87%。2002 年、2010 年受灾人口最多，分别是 116.75 万人、133.18 万人，直接经济总损失分别是 20.7 亿元、35.43 亿元。具体情况见图 1。

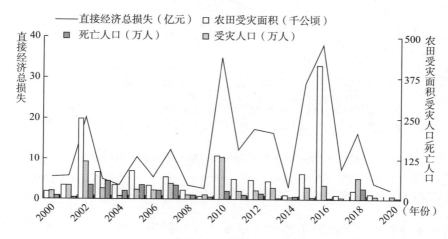

图 1　2000～2020 年新疆洪水灾害统计情况

资料来源：根据《中国水利年鉴（1990—2005）》《中国水旱灾害公报（2006—2021）》等数据整理所得。

2000 年之后，受灾农田面积增加和受灾人口减少反映了新疆经济社会发展的特点和有力的防汛减灾措施。耕地面积随着经济发展、人口增长不断扩大，洪水因气候变化发生的频率和量级不断提高，因而洪水导致农田受灾面积显著增加。随着经济的不断发展，新疆洪水的直接经济损失总量有所增长，但是占当年 GDP 的比例显著下降，具体见图 2。由于《中国水利年鉴（1990—2005）》中 1990～1994 年没有统计洪灾直接经济损失条目，故笔者结合《中国水旱灾害公报（2006—2021）》《新疆统计年鉴（1995—2021）》统计出 1995～2021 年新疆洪水灾害直接损失，年均 12.37 亿元，年均直接经济损失占 GDP 的比例为 1.54%。2010～2021 年，年均 15.26 亿元，直接经济损失总量缓慢增长，年均直接经济损失占 GDP 的比例为 0.19%，加之受灾人口数量的减少，说明新疆防洪减灾取得了一定效果。

其次，洪水灾害不仅对农业生产造成巨大威胁，同时对工业生产、

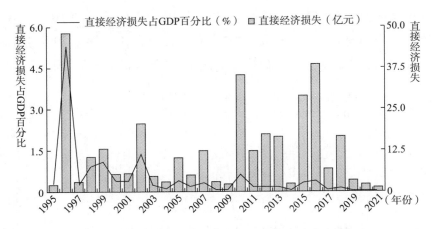

图 2 1995～2021 年新疆洪灾直接经济损失统计情况

资料来源：根据《中国水利年鉴（1990—2005）》《中国水旱灾害公报（2006—2021）》《新疆统计年鉴（1995—2021）》等数据整理所得。

交通运输和水利设施的正常运行带来严重的影响。由于《中国水旱灾害公报（2006—2021）》未统计 2020～2021 年相关条目数据，笔者整理了 2006～2019 年新疆工业生产、交通运输、水利设施的受灾情况。具体情况见图 3。

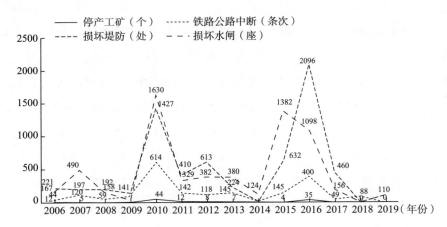

图 3 2006～2019 年新疆工业生产、交通运输、水利设施受洪灾影响情况

资料来源：根据《中国水利年鉴（1990—2005）》《中国水旱灾害公报（2006—2021）》等数据整理所得。

2006～2019 年，新疆因洪水灾害停产工矿共 139 个，年均 9.93 个。铁路中断 19 条次，公路中断 1929 条次，共计 1948 条次，平均每年 139.14 条次交通道路被中断。损坏大小水库 38 座[①]；损坏堤防 6737 处、4485.05 公里，平均每年 481.21 处堤防被毁，年均 320.36 公里；损坏水闸 6375 座，年均 455.36 座；水利设施直接经济损失 68.1 亿元，年均 4.86 亿元。

再次，洪灾导致交通运输中断，不仅影响当地居民的出行，而且对新疆的旅游产业造成不利影响。由图 3 可知，2010 年交通运输受洪灾影响最为严重，占 2006～2019 年交通中断条次的 31.52%，其中铁路中断 44 条次，公路中断 570 条次。以塔里木河流域的巴州且末县为例，当年 6 月初，该县连日普降大雨，局部地区降大暴雨，为 40 年不遇，引发洪灾。洪水造成该县 80% 的道路被毁，严重影响当地居民出行，同时影响救援工作的顺利展开。新疆旅游资源丰富，仅塔里木河流域旅游资源就覆盖 8 大主类中的 7 类，覆盖度达 87.5%，共有 414 个旅游单体。[②] 许多景点是"丝绸之路"沿线遗留下来的古城遗址、塔寺、石窟、墓穴等人文景观，多是土质建筑，风蚀严重；还有高大山体形成的大峡谷、"大漠孤烟直，长河落日圆"的沙漠等自然景观。由于这些景观植被覆盖少，地势落差大，降雨容易在低洼处汇聚，形成山洪、泥石流等灾害。如 2022 年 7 月 19 日，塔里木河流域库车县的神秘大峡谷暴发山洪，游客被洪水追赶。同年 8 月 9 日至 11 日，巴州受强降雨影响，发生泥石流，可以"看遍新疆四季"的独库公路部分路段无法通行，游客车辆被困，当地政府连夜抢修。多处景点受暴雨影响暂停开放数日，部分景点因受灾严重关闭数月。夏季是新疆旅游的旺季，却也是洪水频发的季节。因此，当地在发展旅游经济的同时还要防范洪水带来的诸多风险。

---

① 根据《中国水利年鉴（1990—2005）》《中国水旱灾害公报（2006—2021）》等数据整理所得，未在图 3 中显示。

② 陈亚宁、苏布达、陶辉、赵成义、毛炜峄主编《塔里木河流气候变化影响评估报告》，北京：气象出版社，2014 年，第 125 页。

五　政府、村庄、村民应对洪水灾害的举措

塔里木河流域水资源的开发利用主要用于农业生产和居民生活，对新疆社会经济发展发挥了重要作用。该流域自古就会发生洪水，随着气候变化，洪水发生的频率和强度不断增加，当地政府和居民面临的防洪减灾形势是长期且艰巨的。

第一，政府防汛工作调整治水思路，围绕洪水资源化展开。继 1998 年发生的包括长江、嫩江、松花江等全流域地区的特大洪涝灾害之后，中国掀起了"治水思路"的大讨论。2003 年全国防汛抗旱办主任会议确定了新时期的工作思路，即"两个转变"。具体而言，就是由控制洪水向洪水管理转变，由农业抗旱为主向城乡生活、生产和生态全面主动抗旱转变。控制洪水，是指人们按照规划的防洪目标，通过工程措施改变洪水的自然状况，调控洪水的相关要素，达到防洪减灾的目的。① 管理洪水，是对控制洪水理念的继承和发展，以人与自然和谐相处为核心，通过多种措施，充分发挥防洪工程的整体作用，提高洪水的可控可管可用程度，实现洪水资源化的目的。塔里木河流域作为内陆极端干旱区，水资源时空分布差异大，农业生产用水面临春旱、夏涝的风险，经济社会与生态环境之间的用水矛盾尖锐。洪水资源的合理利用、系统的治水思路是塔里木河流域洪水减灾防灾的重要前提和基础。政府通过水利工程有效调节和利用洪水资源，对于缓解当地的干旱、促进经济社会和生态环境和谐发展大有裨益。

第二，塔里木河流域防洪减灾与流域综合治理紧密联系。塔里木河流域覆盖 5 个地（州）的 28 个县（市）和兵团 4 个师的 46 个团场，经济发展与生态环境之间、地区间和部门间存在用水矛盾，流域内上下游

---

① 辽宁省防汛抗旱指挥部办公室：《实践"两个转变"新思路　全力做好防汛抗旱工作》，《中国防汛抗旱》2005 年第 2 期。

水资源分配难以平衡。随着全球气候变化，塔里木河源流区来水量增大，进一步刺激了流域上游更大规模、更大强度的水资源开发利用。修建各类平原水库76座，其中70座为小型水库，由于平原水库调蓄能力低，蒸发渗漏严重，水资源利用率仅有40%~60%。塔里木河流域建成各类引水渠首286处；干流引水口138处，绝大多数为无工程控制的临时引水口。[①] 源流区水资源的过度拦截和使用，导致干流径流量不断减少，流域下游321km的河道断流，尾闾湖泊缩小甚至干涸，地下水位下降，天然植被退化，荒漠化不断加剧。进入洪水期，由于缺乏山区水库和控制性水利工程，对于水资源的时空调节能力差，河道防洪工程设施简陋，部分河段河道泥沙淤积问题严重，临时性工程多，老化失修，不仅使得中下游面临洪水灾害的巨大风险，而且使汛期大量的洪水资源被浪费。可见，汛期洪水合理调度和运用是塔里木河流域防洪减灾和流域综合治理的关键。

2001年，国务院投资107.39亿元开展塔里木河流域生态环境综合治理，对该流域防洪减灾工作起到了积极作用。一是平原水库改造工程。废弃叶尔羌河流域平原水库16座；废弃干流平原水库1座；扩建恰拉水库；取消大西海子水库灌溉任务，转为向下游生态供水。二是建设山区控制性水库工程，发挥"蓄丰补枯"的年内调节能力。如建设叶尔羌河下坂地水利枢纽。三是河道治理工程，提高河道泄洪能力。在干流河道上修建输水和防洪堤防、引水控制闸及生态闸、干流控制枢纽等；疏通整治源流向干流输水河道，疏通河道614km。四是生态建设工程。在塔里木河干流上中游实施退耕封育保护工程33万亩；建设荒漠林恢复、封育工程280万亩；建设草地改良和保护工程104万亩。植树造林和湿地恢复工作，不仅起到涵养水源、防风固沙的作用，而且提高了森林和草原的碳汇，增强了塔里木河流域生态环境应对气候变化的

---

① 托乎提·艾合买提、覃新闻、王新平、黄小宁、缪康：《塔里木河流域近期综合治理工程施工与管理》，北京：中国水利水电出版社，2014年，第7页。

能力。五是流域水资源调度及管理工程建设。新建流域水量调度控制站 11 处，干流地下水检测剖面 6 处，流域管理局水资源调度指挥中心 1 处；改建水量调度控制站 26 处；新建、改建综合生态站 5 处、源流流域水资源调度指挥分中心 6 处、水文信息分中心 5 处。[①] 依托水文监测、水量调度等工程的硬件支持、水文部门的专业和技术力量，流域管理局建立了流域遥感、地理信息和决策支持系统，能够准确掌握塔里木河流域的来水和水量变化，于 2002 年实现全流域水量统一调度。充分利用水库、引水枢纽、闸口分洪，落实沿线节点增加引水量措施，确保防洪安全和洪水资源综合效益最大化。如 2022 年，利用骨干水库削峰率达 37.5% ~ 57.1%；塔里木河沿线各州市投入抢险机械 28560 台时、人工 70774 人次、土石方 95 万 m^3 等，完成维修、加固、抢护险工险段 113 处、175.77km，有效保障了河道堤防和群众生命财产安全。[②]

塔里木河流域综合治理取得了一定效果，但是在推进经济社会发展与水资源利用保护和谐发展方面仍存在不足。一是塔里木河流域虽然采取多种节水措施，但是拓荒土地的耗水量抵消了节水量。1999 ~ 2004 年塔里木河流域新增耕地 265.7 万亩，[③] 虽然 2005 年新疆维吾尔自治区政府下达了禁止违法开荒的通知，但是各源流区部门未能令行禁止，开荒现象屡禁不止。二是生态用水和农业用水分配不平衡。不同口径测算和上报的总体耕地数据不清，且均高于塔里木河干流局得到的数据，这直接导致对农业用水核算不清，没有上报的耕地事实上同样得到了灌溉，影响了水资源的合理分配。目前的引水闸口没有将农业用水和生态用水完全分开。夏季洪水来临时，各灌区按照防汛要求，利用分洪进行农业灌溉，虽然减轻了防汛压力，但使得生态用水被挤占。

---

① 邓铭江：《中国塔里木河治水理论与实践》，北京：科学出版社，2009 年，第 266 ~ 267 页。

② 《新疆塔里木河发生超警 洪水水利部门全力防范应对》，中华人民共和国水利部，http://www.mwr.gov.cn/xw/slyw/202208/t20220812_1591084.html，最后访问日期：2022 年 9 月 25 日。

③ 邓铭江：《中国塔里木河治水理论与实践》，北京：科学出版社，2009 年，第 174 ~ 175 页。

　　第三，完善防灾减灾工作体系。塔里木河流域建立行政首长负责制，实施流域水资源统一调度和管理。[①] 在洪水期，协调好流域内上中下游之间、源流和干流之间、地方和兵团、电调和水调等之间的利益。坚持预防为主的方针，编制防洪规划和应急预案，强化洪涝灾害风险管控，利用科学技术，完善水文、气象等监测预报体系，及时发布预警信息，并通过多种信息渠道，将预警信息发送至各主体负责人和居民个人。如 2022 年 8 月，自治区水利厅向洪水影响区内的各级责任人发出预警短信 4400 余条，向危险区群众靶向发送防范提醒信息 400 余万条。[②] 通过政府网站、网络媒体、村（居）委会对居民进行关于如何预防洪水灾害的宣传和培训，使居民提前熟悉本地防汛方案和措施，包括隐患灾害点、紧急转移路线图、抗洪救灾机构联络方式等。为居民培训洪水来临时如何自救和互救等逃生知识和技巧。灾后重建工作方面，形成了社会化灾害救助机制。加强各种卫生防疫工作，预防洪水过后的各类疫病。经过上述各项工作的积极开展，近年来塔里木河流域防洪减灾取得了积极效果，洪水资源得到一定程度的合理调蓄和利用，洪水受灾人口和伤亡人口数量不断下降。

　　但是管理体制方面仍存在一些薄弱环节。如塔里木河流域管理局与水文局是分开的，并不像我国水利部长江水利委员会、水利部黄河水利委员会等七大流域管理机构，水文局作为其下属部门，可以实现监管合一。这就使得塔里木河流域管理局虽然能够明确各断面区间的引水量，但是无法判断水文断面数据的质量，无法精准核算水资源的分配情况。[③] 因此，不能只关注地表水，而忽视了地下水的无序开采，需要建

① 林锦、覃新闻、吾买尔江·吾布力、韩江波、何宇、李伟、赵志轩、彭岳津、郑皓、戴云峰：《塔里木河流域水资源统一调度保障措施研究》，北京：中国水利水电出版社，2018 年，第 16 页。

② 《新疆塔里木河发生超警　洪水水利部门全力防范应对》，中华人民共和国国家水利部，http://www.mwr.gov.cn/xw/slyw/202208/t20220812_1591084.html，最后访问日期：2022 年 9 月 25 日。

③ 张小清：《塔里木河干流水资源分配现状及其利用问题》，《干旱区地理》2018 年第 2 期。

立地表水—地下水联合管理体制。虽然用水实行行政首长负责制，目的在于实现水资源的统一调配，但行政管理服从流域管理的体制在具体操作过程中未能完全落实到位。只有完善相应的责任考核机制、奖惩机制以及有力的行政保障才能真正实现地方和兵团、上下游之间水资源的统一调配和管理，将洪水灾害转化为洪水资源。

第四，村庄积极回应政府安排，采取相应措施减少洪灾损失。收到政府发放的洪水预警信息后，村（居）委会组织男性劳力装沙袋，对防洪堤坝进行打桩加固；提醒居民在家中自备简易逃生器材，如木盆等能漂浮在水面上的物品，必要时提前购置救生衣、应急手电、帐篷等。洪灾过后，村（居）委会通过走访，对受灾严重的村民提供经济援助和心理疏导服务。根据受灾程度，村（居）委会给予村民最低 500 元的现金援助，同时提供电饭锅、碗筷、米面油等生活用品，帮助村民尽快恢复正常生活；与村民深入交流，了解村民的需求和担忧，平复他们的心情，帮助其建立重建生活的信心。而对于隶属于农场管理的村庄，村民租种农场的土地，如遇洪水，则农场免去当年的土地租金，并按照市场价格对村民的农作物进行经济补偿，大大减轻了受灾村民恢复生计的经济压力。

第五，村民有自己的一套方法恢复生计，减少洪灾带来的经济损失。洪水带来众多泥沙，土壤会变得疏松，但是大部分是生土，因此土壤养分不足。村民们将草木灰或者动物粪便等有机肥混入被淹土地增加养分，然后种植白菜、胡萝卜等短期蔬菜。通过与当地村民访谈，笔者发现这样的做法有两大益处。一是恢复土壤肥力。村民种植蔬菜期间，浇水、施肥等管护工作能够改善土壤环境，使土壤更适合根系生长发育。待蔬菜收获后，土壤的肥力也逐渐恢复，极大地减轻了种植的农作物不适应新土环境带来的不利影响，村民可以继续种植粮食作物而不减产。二是充分利用土地，节省劳动力。有些地区是洪水高发区，一年要经历 1～2 次洪水，洪水过后，土地得到充分湿润，村民既不想错过利用土地的机会，又想节省劳动力，因而种植蔬菜，即使后面还会遭遇洪水，也不至于损失过重。

村庄和农场的灾后帮扶、村民的自助，极大地增强了村民应对气候变化的能力，缓解了洪水灾害带来的生计影响。但是这些只是一种缓解手段，并不能彻底解决问题。随着洪水发生的频次和量级的提高，村庄和村民层面应对气候变化的努力和尝试是远远不够的，需要多方合作，积极探索更多的方式。

六　结论与讨论

全球气候变化带来的一系列环境问题是当前各个国家和地区都要面临的挑战。[①] 其中，以冰川融水为主要补给源的内陆河受气候变化的影响最为显著。本文以塔里木河流域为例，基于对当地气象水文数据与自然科学研究的分析，发现气候变暖导致冰川融化加速，叠加夏季降水量增加，河流径流量激增进而引发洪水的现象，对当地生态环境和经济社会发展产生了重要的影响。

塔里木河流域覆盖整个南疆地区，其中水资源的开发利用与生态环境保护，对于流域的经济发展、民族团结、社会安定、国防稳固具有重要意义。气候变暖导致冰川融化加速，在一定时期增加了流域内的水资源。但是从长远来看，气温持续升高，冰川这一"固体水库"将会面临枯竭，这对本就干旱的塔里木河流域的发展非常不利。因此，政府应把节能减排降耗作为经济发展的重要抓手，开发利用新型可再生能源，推进新型工业化的发展；调整农牧业生产布局和结构；加强水资源管理和优化配置，确保重点区域的防洪安全；推进节水型社会建设，协调好生态环境与经济社会发展。社区和村民应充分发挥能动性，挖掘和传承地方性知识，根据自身特征选择合适的农牧业生产管理方式。流域各方主体应积极协调与合作，形成合力，才能有效减轻气候变化带来的各种社会影响。

---

① 陈阿江、王昭、周伟：《气候变化背景下湖平面上升的生计影响与社区响应》，《云南社会科学》2019 年第 2 期。

气候变化、人口增长与社会失范：陇中
缺水问题的一个解释框架[*]

林　蓉^{**}

摘　要：20世纪90年代以来，陇中黄土高原的缺水问题日益严峻，给人们的生产生活造成了严重影响。本文基于 G 县的研究发现，"缺水问题"是气候变化、人口增长和社会失范等多种因素共同叠加的后果。在日趋暖干的气候条件下，地表水和地下水因缺乏补给而总量减少，人、畜饮水保障困难。在不断增加的人口压力下，村民对环境资源的开发利用强度不断增强，不仅将很多不宜耕种的陡坡地开垦成耕地，而且将树林砍伐殆尽。过度的开发利用行为与持续近十年的干旱交织在一起，使缺水问题更加严峻。在社会失范的状态下，村民砍伐树林的行为被放任。树林遭到砍伐之后，其蓄水保土的功能丧失，加剧了水资源的缺乏。

关键词：黄土高原　缺水问题　气候变化　人口增长社会失范

---

* 本研究是安徽省高等学校人文社会科学研究项目"乡村振兴战略下现代农业绿色发展的动力机制及可行路径研究"（项目号：SK2021A0082）的阶段性成果。在本文写作过程中，陈阿江教授进行了多次指导；在资料收集过程中，谢丽丽博士给予了大力帮助。特此感谢！
** 林蓉，安徽师范大学社会学系讲师，主要从事环境社会学研究。

一 陇中缺水问题及相关研究

干旱缺水是陇中黄土高原"苦甲天下"的重要原因。旱灾是干旱缺水的极端状态，统计显示，陇中地区的旱灾一直频繁且严重。1400～1990年，陇中共发生旱灾 280 次，平均每 2. 11 年发生 1 次旱灾；且旱灾以中度旱灾和重度旱灾为主，分别占旱灾总次数的 45. 4% 和 32. 1%。[①] 20 世纪是气候变化的温暖期，[②] 尤其是 20 世纪 80 年代末期以来，西北地区的气温不断升高，降水量则以平均每年 1. 05% 的速度递减。[③] 高温少雨使陇中地区的缺水问题不断加剧，在干旱缺水的状态下，人们的生产和生活条件都十分艰苦，"苦脊"之名因此而来。

目前学界对西北黄土高原缺水问题的分析，主要从气候变化的视角和人类活动影响的视角两方面展开。从气候变化的视角所进行的研究主要集中在自然科学领域，比如环境科学、气象科学等。研究者利用中华人民共和国成立后至今几十年里多个气象观测站点的降水量、蒸发量、气温、日照时数等数据资料进行的研究表明：近几十年来，黄土高原的降水量不断减少，气温明显上升，总体气候日趋暖干。[④] 日益暖干的气候使黄土高原的缺水问题更加严峻。从土壤湿度来看，降水量的减少和气温的升高使土壤湿度不断降低。对于雨养农业而言，土壤湿度

① 成爱芳、赵景波：《公元 1400 年以来陇中地区干旱灾害特征》，《干旱区研究》2011 年第 1 期。

② 满志敏、郑景云、方修琦：《过去 2000 年中国环境变化综合研究回顾》，《南京工业大学学报》（社会科学版）2014 年第 2 期。

③ 袁嘉祖：《要统筹解决西北和华北地区干旱缺水问题》，《河北林果研究》2001 年第 1 期。

④ 参见李振朝、韦志刚、文军、符睿《近 50 年黄土高原气候变化特征分析》，《干旱区资源与环境》2008 年第 3 期；晏利斌《1961—2014 年黄土高原气温和降水变化趋势》，《地球环境学报》2015 年第 5 期；李志、赵西宁《1961—2009 年黄土高原气象要素的时空变化分析》，《自然资源学报》2013 年第 2 期；赵一飞、邹欣庆、张勃、张多勇、许鑫王豪《黄土高原甘肃区降水变化与气候指数关系》，《地理科学》2015 年第 10 期。

越低，则越容易引发干旱。① 从植被覆盖变化来看，降水变化，尤其是植物生长季的降水变化，是影响林草等植被覆盖率的重要因素，② 而林草植被等作为连接土壤、大气和水分的自然纽带，反过来又会对气候变化产生一定的影响。从河流径流量来看，降水量的减少会直接导致河流径流量的减少。同时，随着气温的不断升高，作物的无效耗水增多，也会导致干旱加剧。③ 因此，从自然科学的角度来看，气候日趋暖干是导致黄土高原缺水问题愈加严重的重要因素。

从人类活动影响的视角所展开的分析，则主要集中在人文社科领域。相比自然科学领域对气候变化要素的强调，人文社科领域的研究更加关注的是人类活动对环境变迁所产生的影响。从环境史的角度来看，人类对环境资源的不合理开发行为，是导致黄土高原生态环境不断恶化的主要原因。黄土高原原本是森林密布、水草丰美之地。④ 黄土土壤肥沃，土质疏松，易于耕作，因此在这片深厚的黄土地上，发展出了中国北方的农耕文明。⑤ 然而，随着人口的不断增加，农耕文明不断扩张，黄土高原的森林草场逐渐遭到破坏，从而使大量黄土裸露在外，水土流失不断加剧，生态系统不断恶化。⑥ 长此以往，形成了一种"人口增长 – 开垦新地 – 破坏植被 – 土地退化 – 粮食不足 – 再辟新地"的恶性循环。⑦ 因此，在人文社科领域对人类活动所做的分析中，人口数量

---

① 程善俊、管晓丹、黄建平、季明霞：《利用 GLDAS 资料分析黄土高原半干旱区土壤湿度对气候变化的响应》，《干旱气象》2013 年第 4 期。
② 信忠保、许炯心、郑伟：《气候变化和人类活动对黄土高原植被覆盖变化的影响》，《中国科学（D 辑：地球科学）》2007 年第 11 期。
③ 姚玉璧、王毅荣、李耀辉、张秀云：《中国黄土高原气候暖干化及其对生态环境的影响》，《资源科学》2005 年第 5 期。
④ 史念海、曹尔琴、朱士光：《黄土高原森林与草原的变迁》，西安：陕西人民出版社，1985 年，第 44 ~ 64 页。
⑤ Ping-Ti Ho, *The Cradle of the East: An Inquiry into the Indigenous Origins of Techniques and Ideas of Neolithic and Early Historic China，5000 – 1000 B. C.*，Chicago：University of Chicago Press，1975，pp. 49 – 50.
⑥ 马立博：《中国环境史——从史前到现代》，关永强、高丽洁译，北京：中国人民大学出版社，2015 年。
⑦ 曲格平、李金昌：《中国人口与环境》，北京：中国环境科学出版社，1992 年，第 54 页。

增加及农耕文明的发展是影响黄土高原环境变迁的两个重要维度，林草植被遭到破坏则是农耕范围不断扩大的直接后果。森林草场等植被遭到破坏之后，土地蓄水功能逐渐减弱，水土流失不断加剧，缺水问题因而越发严重。

从以上分析可见，对黄土高原地区缺水问题的研究，自然科学领域关注的是自然要素本身，而人文社科领域的研究则侧重于人口及其行为对环境所产生的后果。虽然二者在分析中也存在一定程度的交叉，比如环境科学在对降水影响植被覆盖的分析中，会同时强调人的行为也是重要的影响因素，或者环境史学家在分析环境变迁的时候，也无法回避气候变化这一背景性的因素，但真正将二者融合到一个解释框架之中的分析并不多见。本研究通过对经验材料的深入分析发现，黄土高原地区缺水问题的产生，是气候、人口以及社会等多种因素共同叠加的后果。基于这一考虑，本研究试图突破已有研究只侧重于某一方面要素分析的局限，将自然及社会要素综合考虑进一个分析框架之内，以期对黄土高原缺水问题进行一个较为全面和系统的分析。

具体来看，本研究选取陇中黄土高原地区的 G 县，以及县域内的一个具体的村庄——X 村①，作为研究对象。围绕"缺水"这一核心问题，笔者从县内相关部门获取了县志、水利志、统计年鉴、气象年鉴等大量文献资料。通过查阅这些文献资料，笔者对县域的经济社会发展、水文地理、气候变化等有了全面的把握。同时，笔者深入 X 村，通过参与观察的方法，了解了村民的日常生活；并通过对村民的深度访谈，获取了大量详细的田野调查资料。

G 县位于甘肃省东南部、天水市西北，自古以农业经济为主。渭河由西至东横穿全县，渭南为阴湿山梁区，前山有黄土覆盖，主要种植粮食和果蔬，后山为深度切割石质区，有天然次生林和广阔的草地，主要发展畜牧业。渭北为黄土梁峁沟壑区，土层深厚，沟壑纵横，是主要的

①　基于学术规范，文中的村名和人名都做了匿名处理。

旱作农业区。X 村则是渭北的一个自然村，地形高低起伏，土地"支离破碎"，人均耕地不足 2 亩。

G 县水资源总量缺乏且时空分布不均。从水资源总量来看，G 县地表水和地下水共 87658.31 万立方米，可开采量为 53075 万立方米。农业用水 56197 万立方米，工业用水 378 万立方米，群众生活用水 253 万立方米，牲畜用水 98 万立方米，共计需水 56926 万立方米，供需平衡尚缺 3851 万立方米。① 从降水的时空分布来看，降水年度分布不均，年平均降水量 480.8 毫米，最高年降水量达 642.7 毫米，最低年降水量只有 297.1 毫米。降水量地区分布不均，南多北少。降水时间分布不均，多集中在 7 月、8 月、9 月三个月。降水的时空分布不均使该地区的过境水多，自产水少，且利用不便，大部分农耕地区处于干旱缺水的状态。②

二　气候暖干趋势下水资源日渐缺乏

近几十年来全球气候变暖，黄土高原的气候也日趋暖干。日趋暖干的气候使该地区的水资源缺乏问题更为严峻：年平均气温呈明显上升的同时，年降水量和植物生长季降水量不断递减；黄土高原中部 7 条主要河流径流量也呈明显下降趋势。③ 从时间来看，20 世纪 90 年代是干旱趋势显著增强的一个转折点，降水的明显减少、年均气温和作物蒸散量的显著上升都发生在 90 年代初期以来。④

甘肃黄土高原的暖干化趋势与黄土高原总体趋势一致。研究表明，

---

① 数据来源于《G 县志》，为匿名需要，此处不列出详细资料，下同。
② 数据来源于《G 县志》，为匿名需要，此处不列出详细资料。
③ 姚玉璧、王毅荣、李耀辉、张秀云：《中国黄土高原气候暖干化及其对生态环境的影响》，《资源科学》2005 年第 5 期。
④ 参见晏利斌《1961—2014 年黄土高原气温和降水变化趋势》，《地球环境学报》2015 年第 5 期；李志、赵西宁《1961—2009 年黄土高原气象要素的时空变化分析》，《自然资源学报》2013 年第 2 期。

近 50 年来甘肃黄土高原的年降水量呈显著下降趋势，且东南地区降水量的下降幅度高于西北部。[①] 尤其是 20 世纪 90 年代以来，陇中黄土高原的降水量下降趋势明显，且下降幅度高于全国平均水平;[②] 同时，蒸发量呈阶梯式上升。[③] 降水量的下降以及蒸发量的上升使该地区春季中度干旱的发生频次明显增加。其中，天水、平凉、庆阳的西部以及定西东部的环六盘山地区是春季干旱的高发区。[④]

从地理位置来看，G 县正好位于甘肃黄土高原降水量下降幅度大、春季干旱高发的东南地区。对 G 县近 60 年来每 10 年平均降水量的数据分析显示，如表 1 所示。G 县 1986 年之后每 10 年的平均降水量明显低于 1986 年之前每 10 年的平均降水量，可见降水量从 20 世纪 80 年代中后期开始，呈显著下降趋势。其中，1986～1995 年的平均降水量为 422.36 毫升，1996～2005 年的平均降水量为 418.19 毫升，是近 60 年来降水量最低的两个时期。2006 年之后，降水量虽然有所增加，但仍然未达到 1986 年之前的水平。尤其明显的是 1994～2002 年的 9 年间，降水量持续偏低，除了 2001 年降水量高于 400 毫升之外，其余 8 年均在 400 毫升以下，如图 1 所示。这一时期正好是 G 县遭遇 10 年大旱的时期，也是 X 村村民感觉日常生活用水日渐紧缺的时期。

表 1　G 县 1956 年以来每 10 年的平均降水量

单位：毫升

	1956～1965 年	1966～1975 年	1976～1985 年	1986～1995 年	1996～2005 年	2006～2015 年
平均降水量	459.76	472.35	503.25	422.36	418.19	441.61

数据来源：根据甘肃省气象局提供的 G 县历年降水量数据整理。其中 1962 年、1963 年、1964 年三年的数据缺失。

[①] 赵一飞、邹欣庆、张勃、张多勇、许鑫王豪：《黄土高原甘肃区降水变化与气候指数关系》，《地理科学》2015 年第 10 期。

[②] 张萍、李广：《陇中黄土高原降水资源趋势变化》，《草业科学》2008 年第 6 期。

[③] 赵红岩、张旭东、王有恒、张强、马鹏里、姚辉、孙兰东、瞿汶、毛玉琴、杨小利：《陇东黄土高原气候变化及其对水资源的影响》，《干旱地区农业研究》2011 年第 6 期。

[④] 马琼、张勃、王东、张耀宗、季定民、杨尚武：《1960—2012 年甘肃黄土高原干旱时空变化特征分析——基于标准化降水蒸散指数》，《资源科学》2014 年第 9 期。

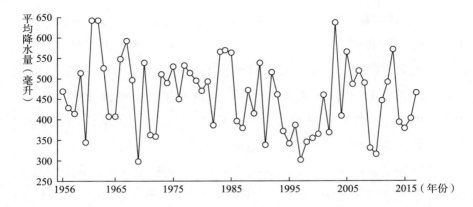

图 1　G 县 1956～2017 年降水量变化趋势

数据来源：根据甘肃省气象局提供的 G 县历年降水量数据整理。其中 1962 年、1963 年、1964 年三年的数据缺失。

在年降水量总体下降的同时，G 县的年平均气温自 1956 年以来呈明显上升趋势，如图 2 所示。1990～2009 年的平均气温为 11℃，比 1970～1989 年的平均气温 10.06℃ 高出了近 1℃。其中，1997 年是年平均气温升高的一个拐点，这一年之后，大部分年份的平均气温都在 11℃ 以上。因此，总体来看，G 县的气候在 20 世纪 90 年代之后日趋暖干。

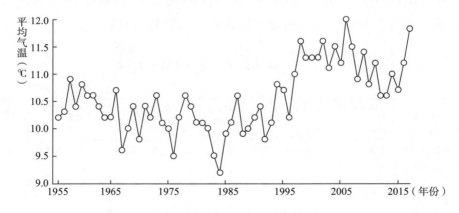

图 2　G 县 1956～2017 年年平均气温变化趋势

数据来源：根据甘肃省气象局提供的 G 县历年气温数据整理。其中 1962 年、1963 年、1964 年三年的数据缺失。

在气候日趋暖干的趋势下，G 县的缺水问题更加严峻。从 1987 年春季开始，G 县遭遇了一场持续近 10 年的大旱。全县各乡镇都在不同程度上受到了旱灾的侵袭，北部山区受灾尤为严重。降水量的减少使得浅层地下水因缺乏补给而水位下降，沟坡边泉眼的泉水日渐干枯，人畜饮水十分困难。为了解决人畜饮水问题，大部分山区群众不得不到川区来拉水喝，不仅造成地下水位下降，地表径流的水量也大大减少，县域内的渭河多次断流，散渡河、西小河等也长时间断流。

据 X 村村民回忆，20 世纪 90 年代以前，人们的生活用水基本上是够用的。X 村附近的沟坡边有几处泉眼，泉眼里不断外涌的泉水是村民的主要饮用水源。每天清晨或傍晚，每家每户用扁担挑上几担水，就可以满足全家人的日常生活所需。正如村民所说："那时候泉水很足，什么时候去，都是满满一坑，而且泉水质量好，清澈见底。"（2016 年村民 ZYW 访谈）除了泉眼里的泉水，村庄前的大沟里也常年有大量的水流淌着，牲畜以及农业用水都可以从大沟里获取。

从 20 世纪 80 年代中后期开始，尤其是 20 世纪 90 年代之后，人们发现泉眼里的水越来越少了，生活用水开始变得紧张。"1988 年左右的时候，挑水开始出现排队的情况。在早晨挑水的高峰期，只有早去的人才能很快挑到水回家，晚去的人就要等水再慢慢渗上来。这时候的水往往比较浑浊，也就是说等了半天，还只能挑到黄汤水。"（2016 年村民 LH 访谈）泉水日渐枯竭的同时，村庄前面的大沟也逐渐断流。

三 人口增长带来的环境压力不断加大

人口是影响环境的重要因子。陈阿江在论述中国环境问题的社会历史根源时指出，传统的"多子多福"的人口繁衍观念致使中国的人口基数不断扩大，"包括环境问题在内的当代中国社会问题，都可以找到中国庞大的人口基数这一影响因子"[①]。史念海等在对黄土高原森林

[①] 陈阿江：《次生焦虑：太湖流域水污染的社会解读》，北京：中国社会科学出版社，2012年，第 10 页。

与草原变迁的分析中指出，在人口不断增长的压力下，农垦范围不断扩大，森林和草原面积不断缩小，致使水土流失加剧，环境遭到破坏。[①] 吴晓军在对西北生态环境恶化的分析中同样强调，人口增长，尤其是中华人民共和国成立后几十年内的人口快速膨胀，对环境恶化负有不可推卸的责任。[②]

中华人民共和国成立以后，中国人口在经历了几次生育高峰之后快速增长。1949～1957 年为第一个人口增长高峰期。这一时期的人口年平均自然增长率保持在 20‰以上，全国净增人口 1.5 亿人。1958～1961 年为特殊时期，人口自然增长下降甚至出现负增长。1962～1972 年是人口增长的第二个高峰期。这一时期，全国人口年平均自然增长率达 26‰左右，全国净增人口近 2 亿人。1973～1984 年，人口增长得到有效控制，人口增长相对较少。1985～1990 年为人口增长的第三次高峰。在此阶段，20 世纪五六十年代生育高峰期出生的人口群体进入婚育年龄，从而导致了人口增长率的回升。[③] 到 1990 年之时，中国大陆总人口已超过 11.3 亿人，是 1949 年 5.4 亿人的两倍还多。

G 县的人口增长趋势总体上与全国相一致，其人口增长速度甚至高于全国平均水平。从人口总量来看，1949 年，G 县总人口为 22.1 万人，到 1990 年底，全县人口已增长到 49.3 万人，增长率为 123.1%，高于全国同期 111.1% 的增长速度。如图 3 所示，从人口增长趋势看，1950～1957 年是 G 县的第一次人口增长高峰，年平均自然增长率为 19.92‰；1962～1971 年为第二次人口增长高峰，年平均自然增长率达 28.89‰；1972 年之后，人口自然增长率有所下降。20 世纪 80 年代人口平稳增长。20 世纪 90 年代初期 G 县又出现了一次人口增长高峰。20 世纪 90

---

① 史念海、曹尔琴、朱士光：《黄土高原森林与草原的变迁》，西安：陕西人民出版社，1985 年，第 66～74 页。
② 吴晓军：《西北生态启示录》，兰州：甘肃人民出版社，2001 年，第 168～169 页。
③ 曲格平、李金昌：《中国人口与环境》，北京：中国环境科学出版社，2014 年。

年代中后期以后，人口增长率在波动中逐渐下降。[①] 从人口密度来看，G 县的人口密度在 1992 年时就达到了每平方千米 302 人。而在整个甘肃省，人口密度超过每平方千米 300 人的只有临夏市城区、兰州市城区、广河县、G 县、西峰区城区和秦安县这六个区/县，[②] G 县位居其中，由此可见 G 县的人口密度之大。

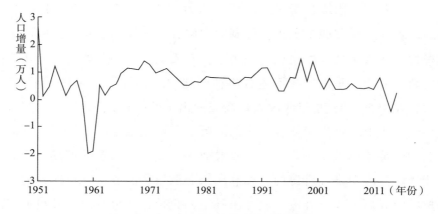

图 3　G 县 1949～2014 年人口增量情况

数据来源：1949～1989 年人口数据来源于《G 县志》。1990～2014 年人口数据来源于 G 县统计年鉴。人口增量根据历年人口数据计算得出。

与不断增加的人口相比，环境资源的人口承载力总是相对有限的。G 县是传统的农业县，因此环境资源的人口承载力主要由耕地的数量、质量等要素来决定。从耕地数量来看，1956 年，全县实用耕地面积增加到最高水平，约 108.7 万亩，人均耕地 4.11 亩。之后，实用耕地面积逐渐减少，1988 年，全县实用耕地面积约 90.10 万亩，人均耕地约 2 亩。[③] 从粮食亩产来看，1949 年，粮食亩产为 50.35 公斤，之后，通过修筑梯田，引进良种，使用农药化肥等多种技术的运用，粮食亩产有了较大程度的提高。1980 年，粮食亩产达 109 公斤，比 1949 年翻了一番。

①　数据来源于《G 县志》。

②　闵霄、张永忠：《甘肃省人口分布及 GDP 时空演变与相关关系研究》，《测绘与空间地理信息》2017 年第 10 期。

③　数据来源于《G 县志》。

1991 年，粮食亩产达 156. 97 公斤，是 1949 年的 3 倍多。2012 年，粮食亩产达到 250. 24 公斤，是 1949 年的近 5 倍。虽然技术的改进在一定程度上提高了环境资源的人口承载力，但土地生产力的增长总有一定的限度。相比之下，人口却在不断增长，因此，人均耕地面积只会越来越少。再加上十年九旱的气候条件，粮食产量往往得不到保证。

G 县人口急剧增长所导致的环境压力到 20 世纪八九十年代时集中凸显。首先，家庭联产承包责任制的实施，充分调动了每个家庭的生产积极性。在人多地少的情况下，为了从有限的环境中获取更多的生产生活资料，人们甚至将一些不适合耕种的陡坡地都开发出来种上了庄稼。其次，在 1950～1970 年两次人口高峰期出生的人口，到了 20 世纪八九十年代，正值结婚生育或者分家的年龄。无论是结婚还是分家，都需要一定的经济基础做支撑。在仍然以农业为主要经济来源的情况下，人们只能通过加大对环境资源的开发利用来获取更多的收入。再次，此阶段虽然已经开启了人口外流，但外出务工的人数还十分有限，外出务工的形式也以季节性、兼业性为主，大部分家庭的生活和经济重心仍然在农村。因此，在 20 世纪八九十年代，快速增长的人口与这一时期的经济社会现状叠加在一起，加剧了人口与环境资源之间的紧张关系。

四 社会失范状态下植被遭到破坏

社会失范最早由法国社会学家涂尔干（E. Durkheim）提出，经美国社会学家默顿（R. K. Merton）发展，用以对社会越轨行为进行解释。涂尔干所谓的失范，是指社会规范缺乏、含混或者变化多端，以致不能为社会成员提供指导的社会情境。① 在失范状态下，社会不能调整人们正确地认识并用恰当的方式满足自己的需求。而人的需求如果完全由

---

① 埃米尔·涂尔干：《社会分工论》，渠敬东译，北京：生活·读书·新知三联书店，2000年，第二版序言。

个人来决定，不考虑外界的限制，那么这种需求将是无度的、无法满足的。① 默顿则用"失范"一词来描述社会所规定的目标与决定达到这些目标的手段和方式之间不一致的状态。当目标与手段之间出现不确定、非单一对应的状况，人们为达到相同的目标可以选择多种手段时，就容易引起社会失范。② 在社会快速转型的过程中，由于旧的社会规范对社会行为的控制能力下降，新的社会规范对社会行动的制约力也不强，从而形成权威、整合、价值、道德等一系列"真空状态"，③ 越轨行为因而容易发生。

从 G 县来看，除了气候变化、人口剧增等因素之外，社会失范状态下村民对树林的过度砍伐也是加剧该地区缺水问题的重要原因。黄土高原的缺水正是林草植被遭到破坏而导致的"失蓄型"缺水。④ 从历史上看，G 县的林草植被也经历了一个由丰茂到稀少的过程。在此，以 X 村的树林砍伐为例来进行说明。

G 县原本是森林茂密、水草丰美之地。从唐朝中后期开始，由于大量采伐，屯兵垦田，移民增加，生产方式由畜牧业转为农业，加之自然灾害频仍，森林逐渐遭到破坏。至 1949 年，南后山已是残林遍地，南前山和北山缺林少树，丰富的森林资源惨遭毁坏。中华人民共和国成立之后，为治理水土流失，改善生态环境，G 县在全县开展了大规模的植树造林活动，全县的森林储量有了很大提高。到 20 世纪 80 年代，全县森林面积比 1949 年的 4 万亩增加了 10 倍，森林覆盖率由 1949 年的 1.6% 提高到了 15.3%。⑤ X 村积极响应政府的植树造林号召，从 1964 年开始，在不适合耕作的沟坡地边种植洋槐树，并安排专门的护林员进

---

① 艾米尔·杜尔凯姆：《自杀论》，钟旭辉、马磊、林庆新译，杭州：浙江人民出版社，1988年，第 206 页。
② 罗伯特·K. 默顿：《社会理论和社会结构》，唐少杰、齐心译，南京：译林出版社，2006 年。
③ 孙立平：《现代化与社会问题》，《社会科学战线》1991 年第 2 期。
④ 陈阿江、邢一新：《缺水问题及其社会治理——对三种缺水类型的分析》，《学习与探索》2017 年第 7 期。
⑤ 数据来源于《G 县志》。

行看护。到 20 世纪 80 年代，洋槐树长大成林。林地具有涵养水源、保持水土、调节气候、美化环境等多种功能，村庄环境因此得到改善。

然而，从 20 世纪 80 年代中后期开始，X 村的树林逐渐遭到砍伐。这一时期，人们砍伐树林主要是为了满足建材的需求。实行家庭联产承包责任制之后，农村经济快速发展，村民改善生活条件的想法日益增强，又正值 20 世纪五六十年代出生的这部分人结婚生子、安家立业的高峰时期，因此村里出现了一股建房热潮。建房需要木材，为节省成本，一部分村民开始在晚上去偷砍洋槐树林。

20 世纪 90 年代之后，为了满足薪柴的需求，人们进一步对树林进行了砍伐。如前所述，G 县在 20 世纪 90 年代时遭遇了一场持续近 10 年的大旱。干旱使农作物大面积干枯，人们的生活能源开始紧缺。此时，大部分村民还没有足够的经济实力以煤电为主要能源，洋槐树林就成了人们最便利的薪柴来源。因此，在干旱的 20 世纪 90 年代，X 村的树林被砍伐殆尽。

国家及集体对村民行为控制的弱化是 X 村树林遭到砍伐的重要原因之一。20 世纪八九十年代，随着国家权力的不断上移，国家与乡村之间的关系发生变化，国家对村民行为的控制也随之弱化。首先，家庭联产承包责任制的实施，使集体由"实"变"虚"。原本控制在集体手中的土地分散到每个家庭之后，集体对村民的控制以及村民对集体的依附都大大减弱。其次，随着公社体制的瓦解，村干部的权力逐渐减弱。集体化时期用于控制村民的各种政治手段，诸如学习班等逐渐取消。相应地，村干部也不能再像人民公社时期那样，在国家权力之下，以政治斗争的名义对村民进行各种形式的控制和处罚。再次，国家的工作重心发生转移，发展经济成为全国上下的第一要务。此时国家与乡村之间的互动，主要表现在税费收缴和计划生育两个方面，乡村干部的工作重心也就放在了做好这两件事情上。最后，村庄内部的关系也逐渐从行政式的"集体—个人"关系，回归到以地缘、血缘为基础的私人关系。村干部平时也要像普通村民一样，在村庄内部生产生活，因此，他们不想因为一些无关紧要的事情而得罪村民。

在上述背景下，X 村村集体对林地的管护逐渐放松。首先是村干部对砍树行为的不重视。如上所述，此时村干部的主要任务是完成税费收缴和监督计划生育，对于像偷砍树木这样的行为，他们则无暇顾及，也不愿较真，而是抱持一种"睁一只眼闭一只眼，能不管就不管"的态度。其次是护林员的"稻草人化"。护林员作为林地的看护者，理应对村民的砍树行为进行制止。但此时的护林员，无论在看护态度上，还是在看护方式上，都与集体化时期有了很大的差别。在看护态度上，护林员碍于村庄熟人关系的情面，不再像集体化时期那样尽职尽责。在看护方式上，护林员也只是对砍树行为进行"吆喝"性制止，但是随着砍树的人越来越多、胆子越来越大，护林员逐渐失去了"吆喝"的动力，最终成了无人畏惧的摆设。因此，村民的砍树行为在缺乏有效监管的情况下变得肆无忌惮，从刚开始的偷偷摸摸发展到后来的明目张胆。

树林被砍伐殆尽的时期，正好是持续干旱的时期。干旱少雨使得浅层地下水得不到有效补给，树林被伐使得林地的涵水功能丧失，因此人们在这一时期明显感觉到泉水日益干涸。再加上人口不断增加，用水需求总量随之增加。一方面是水越来越少，另一方面是对水的需求量越来越大，在这种情况下，人水关系就越来越紧张了。

五　缺水问题的应对措施

如前所述，在气候变化、人口剧增以及社会失范等多种因素的共同作用下，陇中地区的日常用水日趋紧张。面对严峻的缺水问题，村民及政府积极应对，先后采取了一系列措施，使缺水问题在一定程度上得到了缓解。总体来看，人们的生活用水经历了一个"挑泉水—打井取水—水窖储水—自来水"的发展过程。

打井取水。从 20 世纪 80 年代中后期开始，当泉水日益枯竭时，村民通过打井以解决日常用水问题。据笔者统计，在 1986～1995 年的十年里，X 村共打了 41 口水井，其中，有 21 口（51.2%）目前仍在使用。这些水井一部分分散在村民的院子里，一部分集中在村民之前挑水的泉眼附近。泉水是地下水外渗的结果，当气候干旱，地下水位下降，泉水无法渗出时，一部分村民就想到了在泉眼附近向下打井取水的办法。井水与泉水一起，解决了这一时期日益紧张的生活用水问题。

水窖储水。从 20 世纪 90 年代末期开始，G 县大力发展"121"雨水集流工程，主要通过修建水窖和集雨场来改善农村居民的饮水条件。截至 2007 年底，G 县共建成集雨水窖 69329 眼，解决了 82756 户、44.56 万人的饮水困难问题。[①] X 村的水窖于 2006 年、2007 年分两批建成。政府为每一口水窖补贴了约 24 袋水泥，一部分用于水窖建设，一部分用于集雨地面的硬化。这批水窖的容积大约为 6~7 立方米。2010 年之后，一部分村民觉得一个水窖不够用，于是又新建了一口更大的水窖。大水窖的容积大约为 15 立方米，是小水窖的两倍多。有两口水窖的农户一般将大水窖的水用于饮用，小水窖的水用于日常洗漱以及灌溉农田。为了保证饮水质量，人们在雨水收集和日常管护方面都非常仔细，尽量避免污物进入。还有的村民为了取水方便，安装了电动抽水泵，用水的时候接通电源，水窖的水就被直接抽到厨房，很是便利。

窖水到目前为止仍然是该地区农村村民最主要的生活用水来源。G 县的降水主要集中在 7 月、8 月、9 月三个月，历时短，强度高。有了水窖之后，村民在雨季将水窖的水储满，基本上可以满足全家人的日常用水所需。从水窖的容积我们可以推断一个 3~5 口人的家庭一年的生活用水总量。按大水窖 15 立方米的容积计算，一年两次雨季大小水窖一共储满 4 窖水，就是约 50 立方米水。按一家 5 口人计算，平均每人每年使用约 10 立方米水，平均每人每天使用超过 27.4 升水。这是雨水比较充沛时的储水量，如果遇到干旱少雨，就按两窖半水计算，平均每人每天也有超过 15 升的水。按照国家发改委和水利部确定的北方地区

---

① 甘谷县水利局水利志编纂办公室：《甘谷县水利志（1986—2007 年）》，内部资料，第 71 页。

人均日用水量的最低标准——正常年份 20 升，干旱年份 12 升，[①] X 村的水窖基本能达到要求。

自来水。从 2005 年开始，农村饮水安全问题引起了国家的高度重视。国务院先后批准实施《2005 - 2006 年农村饮水安全应急工程规划》、《全国农村饮水安全工程"十一五"规划》和《全国农村饮水安全工程"十二五"规划》，累计解决了超过 5.2 亿农村人口的饮水问题。[②] 在这一契机之下，G 县全面开展了农村饮水安全工程建设。

2009 年 6 月，G 县西北部农村饮水安全工程正式开工。该工程主要解决县域西北部 6 个乡镇 416 个自然村 30017 户 150373 人的饮水安全问题。该项目区大部分为氟超标区，村民长期引用窖水、泉水，其水质、水量及保证率普遍不能达到农村饮水安全标准，严重影响了人们的身心健康和社会经济的发展。[③] 2011 年该工程全面竣工。2011 年 6 月，G 县东北部农村饮水安全工程正式开工。该工程主要解决县域东北部 6 个乡镇 94 个行政村的近 16 万人的饮水安全问题。[④] 该工程于 2016 年 6 月全面竣工。2014 年县域中部农村安全饮水工程开始建设；2015 年县域南部农村饮水安全工程开始实施，范围涉及 6 个乡镇、102 个行政村，受益群众达 10 万人。到目前为止，G 县先后建成了 8 处农村饮水安全工程。

按照设计，G 县的农村饮水安全工程可以解决全县 50.22 万人的饮水安全问题，占应解决人口的 90% 以上。[⑤] 但现实与设计往往存在一定的差距。从 X 村来看，2016 年，随着东北部农村饮水安全工程的竣工，该村大部分村民家里都装上了自来水管。但目前自来水还未正常通水。正如 X 村村主任所说："即使通水了，自来水也需要与水窖配合起来使

---

① 《全国农村饮水解困项目评估报告（摘登）》，《中国水利》2004 年第 21 期。
② 《农村饮水安全工程》，百度百科，https://baike.baidu.com/item/农村饮水安全工程/9708672？fr = aladdin。
③ 《G 县西北部农村饮水安全工程简介》，G 县人民政府门户网站。
④ 《G 县举行东北部农村饮水安全工程开工典礼》，天水在线。
⑤ 《G 县农村饮水安全工程纪实》，天水在线。

用。从已经通水的村庄来看，情况也不是太好。水厂的水源不足，我们这边就会缺水，所以很可能一年只有 2 ~ 3 个月通水。你想啊，就那么几个水井，供这么多乡镇，水源肯定有供不上的时候。所以水窖肯定还是需要的，有水的时候把水窖放满，这样就不愁了。"

可见，干旱缺水地区的自来水并不像水源充足地区那样，只要拧开水龙头，随时就有水出来。但自来水与雨水相比，不仅质量有了保障，而且比收集雨水要便利得多。对于西北地区而言，无论是地表水，还是地下水，都是非常稀缺的资源，我们对水资源的开发利用，需要从一个长远的、可持续利用的角度进行考虑。从目前来看，"水窖 + 自来水"是该地区日常用水的主要形式，再配合井水以及泉水，基本上可以满足人们的日常用水所需。

六　结论

通过上述分析可见，20 世纪 90 年代以来，陇中地区日益严峻的缺水问题是气候变化、人口剧增、社会失范等多种因素共同叠加的后果。从气候变化来看，20 世纪 90 年代是黄土高原日趋暖干的转折点，正是在这一时期，G 县遭遇了持续近 10 年的大旱。干旱不仅使得庄稼歉收，而且导致地下水位下降，泉眼枯竭，村民饮水出现困难。从人口压力来看，20 世纪六七十年代人口增长高峰期出生的人口所导致的环境压力到八九十年代集中凸显。一方面，人们为发展经济，将很多不适合耕种的陡坡地都开发成耕地；另一方面，为满足建材和薪柴的需求，村民逐渐将集体所有的树林砍伐殆尽。从社会层面来看，实行家庭联产承包责任制后，随着国家权力的不断上移，国家对村民的控制日益弱化。在此背景下，村干部对村民的砍树行为放任自流，护林员也逐渐"稻草人化"，最终导致了"公地悲剧"的发生。因此，在 20 世纪 90 年代这一时期，干旱的气候背景正好与人口增长的压力以及经济快速发展中村民行为失范的社会背景叠加在一起，从而使得干旱缺水问题变得十分严峻。正如村民所感受到的：土地越来越干，庄稼歉收了；泉水越来越少，人们没水喝了；树林被砍光了，整个村庄的环境都变差了。

面对日益严峻的生活用水问题，政府和村民先后采取了打井、建水窖、开通自来水等措施，使缺水问题在一定程度上得到了缓解。到目前为止，水窖与自来水一起，基本可以满足村民的日常用水所需。然而，要从根本上解决黄土高原的"失蓄型"缺水问题，必须从生态环境的恢复着手，而林草植被的增加则是生态恢复的关键。2000年以后，农村人口的大量外流以及农民生计的非农化转变，为黄土高原的生态恢复带来了契机。人口的大量外流一方面减轻了村内人口的环境压力，村民对环境资源的开发利用强度随之减弱，突出表现为部分位于山顶和陡坡的耕地被抛荒；与此同时，在国家退耕还林政策的推动下，该地区的特色经济林得到了大面积发展。从生态的角度来看，耕地抛荒和经济林的大面积发展提高了植被覆盖率，并改善了植被覆盖结构，从而有利于水土保持和生态恢复。因此，在当前经济社会发展的新形势下，如何在进一步推动农村人口向城镇转移的同时，促进当地农业发展模式的转变，是一条可供探索的黄土高原经济发展与生态恢复的共进之路。

治理型缺水

——以宁夏 G 市一个生态移民村庄的设施农业为例

尚　萍[*]

摘　要： 缺水一直是我国西北地区面临的突出问题，为解决缺水问题必须对缺水的现状和原因进行深入分析。本文通过对宁夏 G 市 Q 村的田野调查发现，一边是农业灌溉用水匮乏，一边却是水浪费和水污染并存。究其原因，地方水治理实践存在治理理念短视、治理主体结构失衡、市场治理缺席、技术治理的支撑力不够及风险治理意识不足等问题，人为造成了"治理型缺水"。规避"治理型缺水"，需要不断优化水治理机制本身，平衡人水关系，并调整分水和用水中的社会关系。

关键词： 治理型缺水　生态移民　地下水灌溉　设施农业

一　导言

水是连接社会生活生产等众多领域的必要物质，更具有丰富的文

---

* 尚萍，兰州大学西北少数民族研究中心、历史文化学院博士研究生，研究方向为马克思主义民族理论与政策。

化内涵，其自然生态变化承载着社会、文化意义的变迁。随着气候变化及诸多社会因素的影响，淡水资源的稀缺性成为影响人们生存与发展的重大风险之一。缺水问题也成为造成社会不稳定、冲突和人口迁移的重要因素。缺水不仅是一种自然现象，而且是一种社会问题。① 对缺水的治理也影响着人类和生态系统的秩序。从某一层面来说，缺水会影响当地的治理方式，反过来，不当的治理方式也会导致某一地区或者时空尺度下的缺水。

西北地区的缺水问题一直是限制其发展的主要因素，整体上由于降水量相对较少，蒸发量大，地表水相对较少。在一些情况下，人们通过技术方式可以改变缺水地区的生产条件。例如，设施农业这一生产方式，通过用一些设施和技术手段，可改变传统旱地农业依赖于大气降水的处境，在不适合作物生产的恶劣环境中实现高投入、高产量、高效益的现代化农业，增加农民收益。宁夏 G 市整体上被视为一个缺水城市，但是该市 T 镇充分利用设施农业这一生产方式以及清水河谷地无霜期较长、海拔较高、早晚温差大、太阳辐射强等优势，将清水河流域冷凉蔬菜（甘肃等地也称为高原夏菜）发展为当地特色产业之一。不过，在设施农业中，对水资源基础设施及其管理的需求比传统旱地农业依赖性更强。因而，在发展设施农业的地区，如果对水资源配置不科学、不合理，出现治理不当或不及时，就会衍生新的问题，严重阻碍当地社会的发展。近年来，国家及地方政府通过将大量的资金、技术和人力等投入到调水、蓄水、取水等工程，以解决当地的供水问题，但农业生产领域用水不足现象仍然较为常见。如何解释这种现象？

对缺水原因的认知，直接影响决策者的水治理思路，以及使用者的用水行为，继而影响能否"对症下药"，是理解缺水问题的最为重要的研究议题。缺水问题的形成，不能被简单理解为人类的需求大大超过了

① 陈阿江、邢一新：《缺水问题及其社会治理——对三种缺水类型的分析》，《学习与探索》2017 年第 7 期。

淡水资源的承载力，区域社会中供水、分水和用水的方式也直接影响缺水的程度，这与区域社会水治理系统结构化过程相关联。正如吉登斯所认为的，"矛盾产生于系统再生产模式的结构化过程中，同时也是其结果"①。本文基于对西北河谷地区一个政府主导的生态移民②村庄 Q 村的设施农业的田野调查，提出"治理型缺水"这一概念，阐释区域社会中造成缺水的深层社会原因。

二　治理型缺水：概念与理论探索

通过田野调查和文献研究，笔者发现 Q 村设施农业生产领域的缺水问题源于治理不当，是典型的"治理型缺水"问题。学界已经注意到了"治理性干旱"的问题，对"治理型缺水"关注不足。"治理性干旱"的提法始于 2010 年华中科技大学相关团队对长江中下游的实地调研活动，意指"农村在经过一系列的改革后导致原有的农田水利治理模式、灌溉体制解体，面对分化的小农，农田水利基础设施无法发挥作用，而形成干旱"③。在后续的学术发展中，贺雪峰指出这种形式的干旱本质上"不是真的干旱，也不是无法将水抽到田里，而是农村基层组织涣散无力"④。在他看来，该问题之所以能够形成，源自基层治理失效，"其生成机制包括灌溉模式、基层治理、农民合作"⑤ 等方面的问题。

---

① 安东尼·吉登斯：《社会理论的核心问题——社会分析中的行动、结构与矛盾》，郭忠华、徐法寅译，上海：上海译文出版社，2015 年，第 154 页。
② 政府主导的生态移民是指"政府有组织地把生态恶化地区或自然保护区的人口迁移出来，以恢复和保护生态环境为主要目的，同时兼顾扶贫和提高经济收入的迁移活动以及迁移出来的人口。这种类型的移民，既体现了生态移民的原因，也体现了生态移民的目的"。参见包智明《关于生态移民的定义、分类及若干问题》，《中央民族大学学报》（哲学社会科学版）2006 年第 1 期。
③ 李宽：《治理性干旱——对江汉平原农田水利的审视与反思》，硕士学位论文，华中科技大学，2010 年。
④ 贺雪峰：《"治理型干旱"启示了什么》，《人民日报》2015 年 6 月 5 日。
⑤ 贺雪峰：《治理"治理性干旱"》，《湖北日报》2012 年 1 月 9 日。

治理型缺水不同于治理性干旱。首先，缺水和干旱是不同的现象。一方面，从水匮乏程度上看，缺水不一定达到干旱的程度。干旱，一般被视为气候变化和水分循环的结果，主要指降水量少或者蒸发量大于降水量时出现的水分过度亏缺的自然灾害。干旱意味着高程度的缺水，低程度的缺水往往并不会促成干旱。另一方面，从水匮乏的类型上看，干旱一般指的是水量层面的水匮乏，缺水则包括了水量和水质两个维度。陈阿江等所阐述的三种地域性的缺水类型——"失蓄型缺水""失序型缺水""水质型缺水"，[①] 便涵盖了水量和水质两个层面。其次，不同于"治理性干旱"，在本研究中"治理型缺水"这一概念聚焦由治理所引起的缺水问题。这里不限于水量的缺少，亦包含水质型缺水问题。对缺水成因的剖析，围绕着治理不当展开，重点关注治理主体、治理对象、治理过程以及技术和水价等治理手段在治理中的运用等方面。因此，在本研究中，将"治理型缺水"界定为因治理主体结构、治理理念、治理手段、治理介入时机等层面的不当，人为造成的缺水问题。无论是失蓄型缺水、失序型缺水，还是水质型缺水，均可能是治理型缺水。在以往的研究中，曾有学者注意到由治理不当造成的缺水现象，但局限于"基层组织弱化导致的水利治理缺失及由此形成的农田缺水问题"[②]。现实层面，治理型缺水问题的生成，不仅可能源自基层组织弱化，还与其他多个维度的治理不当密切相关。

通过对宁夏回族自治区 G 市生态移民的调查研究，本文发现有组织有规模的生态移民搬迁通过"治人"来解决缺水问题初见成效，但其中形成的新问题不容忽视。生态移民过程中，国家通过政府治理的方式重新分配了缺水地区的水资源，但是由于地下水量有限、农业生产用水需求大以及治理行为不当，在实践中制造了新的缺水问题。下文通过

---

① 陈阿江、邢一新：《缺水问题及其社会治理——对三种缺水类型的分析》，《学习与探索》2017 年第 7 期。

② 林辉煌：《"治理性缺水"与基层组织建设——基于湖北沙洋县的调查》，《经济与管理研究》2011 年第 9 期。

Q 村案例呈现和分析这一问题。

三 Q 村的用水与缺水问题

西海固地区（原西吉县、海原县、固原县三地简称）向来以缺水和贫困"名扬在外"，2021 年热播剧《山海情》的部分情节反映了搬迁前西海固地区的真实情况。1983 年，西海固地区被列入我国第一个区域性反贫困计划，主要"通过对生活在不适宜人类生存和发展地区的贫困人口实施搬迁，达到消除贫困和改善生态的双重目标"[①]。Q 村是"十二五"期间为解决山区群众的缺水和贫困问题而形成的由政府主导的生态移民村庄，该村位于 G 市 T 镇，距离市区 40 多公里，于 2012 年 11 月搬迁入住安置点。整个移民村庄占地 1150 亩，其中建设和公共用地 400 亩，生产用地 750 亩。规划建房 300 栋，实际建房 340 栋，移民分别来自 ZY、GT、HC、TS、ZK 五个乡镇。2022 年总人口 1469 人，其中建档立卡 142 户 535 人。2013 年，农民人均可支配收入 3692 元；2019 年，农民人均可支配收入 9120 元。2013 年，村民选举产生"三委班子"，即 Q 村党支部委员会、村委会和监督委员会。2015 年，镇政府派遣驻村队员，主要协助村里的扶贫、脱贫工作。

（一）Q 村移民的生计方式和水源分类

一条东西向的乡村柏油路将 Q 村划分为南侧的农业生产区和北侧的生活区。Q 村的东西两边相邻的分别是本地非移民村庄 HB 村和 EY 村。政府向 Q 村移民提供每户 54 平方米坐北朝南的住房和一亩左右的院落，并为每户提供蔬菜大棚，后期还投入大量的资金、技术以及基础设施建设，以保证每户移民"居者有其屋，耕者有其田"。因此 Q 村大

---

① 宁夏回族自治区人民政府办公厅：《宁夏中部干旱带县内生态移民规划提要（2007 年—2011 年）》，2008 年 1 月 21 日。

部分移民的生计方式是以菜棚蔬菜种植为主，以养殖牲畜和到附近农田打零工为辅。

搬迁前的移民居住在严重缺水的黄土高原山区，主要依靠单一的"自然"水源（包括泉水、井水、窖等），搬迁后的 Q 村的水源多样。第一，饮用水来源于固海扬水及扩灌工程，水费为每立方米 4.5 元，因水价相比其他村庄每立方米高 2.2 元，当地人将之称为"扬黄水"。第二，农业用水，以机井的形式，采用的是地下水。目前 Q 村共有四个机井，其中第 4 号机井由政府部门为缓解用水紧张矛盾于 2016 年新增。水费每年按照蔬菜大棚的面积收取，每立方米 0.5 元。第三，辅助用水：用水窖来收集雨水，虽每户都有建造，但在大部分家庭已经荒废并未使用。

正是因为这样的变化，围绕着"水"，移民的生活与生产也变得比搬迁前更复杂。"在很多区域社会中，水不但是权力的载体，同时也是地方社会得以建构的纽带。"① Q 村因搬迁后水源的变化，重建为两套管理体系，村子设有两位用水管理员，一位是饮用水管理员 S，来自移民村庄，日常工作主要为上报管道问题和收水费。2016 年，每户都安装了智能水表，因此饮用水管理员的工作更为简单。另外一位是农业用水管理员 L。与传统山区靠天吃饭和广种薄收的旱地农业耕作方式不同，蔬菜种植需要充足的水源和精耕细作。农业用水管理员 L 来自非移民的 EY 村，主要的工作是开闸放水、设备的维护和检修、收费等。

（二）Q 村缺水问题

在当前治理方式下，搬迁至 Q 村的移民过去在饮用水方面的缺水问题已经解决，而赖以生存的农业生产领域却出现新的缺水问题。设施农业生产方式下，水变成乡村社会中一种介于"国家"和"私人"之间的核心资源，进而成为移民群体中居于中心地位的利益基础。Q 村的

---

① 张亚辉：《人类学中的水研究——读几本书》，《西北民族研究》2006 年第 3 期。

缺水问题突出表现为以下三个方面。

1. 资源型缺水：供不应求的地下水与"新井田"的矛盾

（1）清水河流域地下水量情况

T 镇位于清水河河谷地区，地下水量随地形变化有较大差异。最新数据统计显示，清水河流域的地下水储量并不丰裕，"山丘区地下水资源为 0.408 亿立方米，平原区地下水资源量为 0.383 亿立方米，主要靠降水、地表水和山前测渗补给"①。自 20 世纪 70 年代起，随着当地全民参与"挖井窖、修坝、建水库"，T 镇清水河流域一带成为 G 市农业发展最具优势的区域。结合当地种菜的习惯，21 世纪初一些村庄开始引进"寿光模式"进行蔬菜温棚种植，带动并发展了冷凉蔬菜产业的同时，地下水被全面开发和利用。在此区域背景下，当地政府为 Q 村移民安排了效益较高的设施农业。但早在 2012 年，该区域地下水已处于超采状态，且水位呈逐年下降的趋势。根据设置在 T 镇的陶庄监测井的相关数据，2021 年的年均水位较上年下降 0.70 米。② 地下水资源储量与设施农业的用水需求之间隐含了冲突。

（2）"供"与"求"失衡

Q 村设施农业中因机井而形成的农田水利灌溉方式，可以被称为"新井田"模式，即以机井为水源中心形成农田灌溉单元。一般情况下，机井及其配套设施由政府项目提供，所有权归国家。Q 村机井的管理，主要是由政府相关部门指定人员负责村庄水源的收费、管理和维护，作为村民和上一级水利管理部门的中间人呈现行政性特点，村民只是被管理者。因此 Q 村的微型农田水利系统是以地下水为基础形成的自上而下的单线式水资源管理制度，其中的资金投入、分水、管理和维护等都嵌入在国家现代化治理体系中，由政府所"供"。

---

① 《2021 年宁夏水资源公报》，宁夏回族自治区水利厅，http://slt. nx. gov. cn/xxgk_281/fdzdgk nr/gbxx/szygb/202204/t20220402_3415572. html，2022 年 4 月 2 日。

② 《2021 年宁夏水资源公报》，宁夏回族自治区水利厅，http://slt. nx. gov. cn/xxgk_281/fdzdgk nr/gbxx/szygb/202204/t20220402_3415572. html，2022 年 4 月 2 日。

　　在 Q 村，不同身份和立场的主体对用水的态度不一。作为水利设施提供者的政府部门每年都在亏损；作为当前水利管理体制下被悬置的村委会，是村民寻求解决用水问题的首选对象，面临承受压力又缺乏解决能力的尴尬处境；Q 村农业用水的管理者常常遭到谴责；作为水资源的使用者，本应该成为受益者的村民却成了受害者，明明交了钱，灌溉用水还是得不到应有的保障。这些现象与 Q 村农业灌溉用水的"供""求"矛盾相交织。

　　①蔬菜种植对水的需求。蔬菜种植对水资源的需求量大，且在特定的生长阶段需适时、及时浇灌。因蔬菜的品种不同，灌溉方式和需水量有所差异。就笔者的田野调查资料来看，Q 村目前种植蔬菜的品种一类是叶菜类（软菜），主要有芹菜、香菜、菠菜、油菜等，这类蔬菜对土壤湿度要求较高，抗旱能力弱；另一类是果菜类（硬菜），主要有西红柿、黄瓜、辣椒等，这类蔬菜的需水特点是水分消耗大，吸收能力强，特别是果实迅速发育期，如不及时灌溉，易形成畸形瓜果。一般情况下软菜类采用喷灌的方式，夏季由于气温高，生长周期短（两个月左右就可以上市），2~3 天浇水一次。冬季则 5~6 天浇水一次。浇水时间根据水流量大小并不固定，完整浇灌一亩左右的菜棚需 1~2 小时。硬菜采用漫灌的方式，需根据蔬菜的生长阶段和土地湿润度决定浇水时长，一般约 4 个小时。正如移民所言，Q 村的农田浇灌并没有精准的科学性，基本凭借个人经验来确定水量的大小和灌溉的时间。蔬菜需水量及适时性要求，与 Q 村机井供水量、供水时间不稳定性之间的矛盾是缺水的主要问题之一。

　　②Q 村的配额与实际用量。整个 T 镇行政区域内，除了水库季节性的灌溉水源外，主要依靠地下水进行灌溉，虽有水利部门每年对各流域地下水取水限定配量的额度，但实际开采量的数据并没有精确统计。根据 G 市某区水利部门提供的信息，Q 村区域配水计划数量为 860 亩，灌溉定额为 340 立方米/亩，供水量额度为 29.24 万立方米。Q 村 344 个蔬菜大棚配有 4 个机井，每个机井每年最多提供 7.31 万立方米的地下

水开采量，按每年 365 天计算，就意味着每个机井平均单日开采量约为 200.27 立方米。按照单井出水量的折中数据每小时 40 立方米的出水量计算，额定配水每个机井每日只够开采约 5 个小时。然而在实际用水高峰期，尽管机井全天开放，部分移民种植的蔬菜仍然不能得到及时灌溉，意味着这一批蔬菜将会跟不上市场的需求且价格很低。一个机井 24 小时不间断的出水量为 960 立方米，一个月 Q 村机井出水量就可以达到 11.52 万立方米，而额定配水量只够 Q 村用水高峰期不到 3 个月的用水量。换言之，Q 村实际用水量已远远超出了额定配水量。

在缺水地区过度开采地下水，无疑是杀鸡取卵的做法，会导致地面下沉坍塌、水质盐碱度增加甚至土地盐渍化等危害，农业生产的可持续性也遭遇风险。原则上，必须以保障水生态系统的运转能力、水资源的可持续获取性为前提来满足和协调人类用水需求。① 但显而易见，Q 村所在地区地下水的供给远远不能满足大面积农业灌溉的用水需求。从根本上而言，这种设施农业模式下的需水量与供水量并不匹配。

2. 空间关系及社会关系下的生产用水矛盾

（1）空间关系中的缺水

即便是在同一灌溉区，处于不同空间位置的种植户的用水状况亦有所不同。蔬菜大棚位置距离机井的远近，决定了村民可用水量以及灌溉的及时程度。一些距离机井较远的菜棚用水受到了极大制约，需要待上游所有菜棚灌溉结束后才能轮到，有些往往需要等到深夜或者第二天，从而影响蔬菜的生长。一些位于机井最边缘位置的菜棚甚至长时间没有水。这部分村民无奈之下放弃种植，并拒绝缴纳灌溉费用。管理员为了收缴齐全所有菜棚的灌溉费用，以统一不开水闸门的方式倒逼这部分村民缴费，从而造成矛盾。Q 村"均水均配却不均用"和"有水用不上"的缺水现象由此形成。

---

① 佩特拉·多布娜：《水的政治：关于全球治理的政治理论、实践与批判》，强朝晖译，北京：社会科学文献出版社，2011 年，第 88 页。

（2）社会关系与缺水

水田旱田，虽关地形，尤关人事。如果说水资源在 Q 村人与自然的供需失衡是一条明线的话，那么围绕着设施农业用水的社会关系则为一条暗线。

Q 村村民的生产用水，不仅要面对前文所述的资源型缺水、空间关系下的缺水，还要面对原本紧缺且被 EY 村本地村民挤占水资源的问题，这一问题在实践层面与管理员的身份归属有关。Q 村灌溉管理员并非 Q 村移民，而是本地人。在国家水资源管理体系之下，Q 村地下水灌溉管理员 L 将地下水进行了个人层面的再分配，无形中增加围绕水的村庄之间的竞争。具有公共性质和国家垄断的水利，实践中变成了可以为个人谋取收益的私人物品。因管理员的村庄身份，在不同村庄用水者之间出现了边界。以"人情水"的形式，管理员私自将机井水卖给 EY 村本地村民，原本属 Q 村但靠近 EY 村的机井，经由管理员的非正式操作，已经变成两个村庄的共同灌溉水源。移民村庄内部的"半熟人关系"，使得移民之间没有形成有效的合作与监督体系，规制管理员的这一行为。"水利作为地方社会的一项重要公共事务，其本身构成了一个利益纽带……从本质上来看，是一个具有伸缩性的，可大可小的利益圈。"① 水资源管理权的公共性、模糊性与使用权的排他性、明确性之间的矛盾，使得水的地缘性特征也凸显出来。同时水源反过来也在强化地缘特征、社会关系和身份，包括社会环境与地理的分界。

将区域性的水利关系看成一个场域，可以发现"各个行动者手中握有的资本同这些行动者所占有的社会地位，有相互影响和相互决定的复杂系统"②。区域社会中，人们之间独特的社会关系，通过影响水的治理实践，进一步加深了 Q 村的"缺水"问题。

---

① 张俊峰：《水利社会的类型——明清以来洪洞水利与乡村社会变迁》，北京：北京大学出版社，2012 年，第 196 页。

② 高宣扬：《布迪厄的社会理论》，上海：同济大学出版社，2004 年，第 164 页。

3. 面源污染与水质型缺水的隐患

Q 村设施农业对地下水的污染，使之面临水质型缺水的隐患。水污染既是技术问题，也是经济社会治理问题。一般情况下，Q 村移民打农药的方式主要有喷洒式和灌根式，两种都需要把农药溶解在水中，前者是用小型背式喷灌器喷洒在蔬菜表面，后者则需要溶解在灌溉水中，随着水流渗入土壤和蔬菜的根部。不同于地表水的污染，地下水一旦受到污染，呈现的特点有：隐蔽性、不可逆性和循环性，因而水污染成为灌溉缺水问题的隐患。有学者以形象的比喻指出，"自然界对经济来说既是一个水龙头，又是一个污水池。水龙头成了私人财产；污水池则成了公共之物"①。不得不承认，"水龙头"和"污水池"的隐喻在 Q 村这样有且仅有地下水灌溉的小农户型蔬菜种植中越发明显。人们仅关注水资源的使用与私人经济所得，对水污染这一公共之事漠不关心。可持续生计与日益积累的地下水污染之间的矛盾凸显。

四　Q 村的水治理与缺水问题的生成

在 Q 村的水治理中，缺水问题并非"一日之寒"，治理理念、治理方式、参与主体和治理手段等的选择与运用，都会直接影响水资源和村庄的发展走向。要理解 Q 村缺水问题的生成，必须回到"治理"中去，深入分析导致缺水问题的地方治理机制。

（一）短视的治理理念与错配的生计安置

缺水问题具有复杂性和多变性的特点，治理理念从根本上决定了缺水问题的发展方向和进程。在 2004 年，有学者提出："在一个缺水的地区里，水是一种稀缺资源。怎样'配置'这种资源，这向来是地方

---

① 詹姆斯·奥康纳：《自然的理由——生态学马克思主义研究》，唐正东、臧佩洪译，南京：南京大学出版社，2003 年，第 296 页。

社会和官府关注的问题。"① 造成 Q 村缺水的根本原因，首先在于地方政府短视地对 Q 村移民实施不符合当地水资源承载能力、在当地不具备可持续性的生计安置方式。在缺水地域，以需水量较大的蔬菜种植大棚作为移民生计，虽表面上实现了"耕者有其田"，但无疑使移民陷入缺水的生计风险以及各种用水矛盾之中，同时也使当地缺水问题不断加剧。

其次，G 市水利部门和镇政府在水资源整体规划中"就水论水"的配置，不重视缺水的程度，未充分协调地下水资源与社会、经济、生态等要素及可持续发展之间的关系，也未综合考虑流域内水资源的整体承载力以及区域间用水的平衡性，忽视了人水之间的供求矛盾和对水资源的系统开发利用。因而，即使后期不断增加机井数量，也不可能从根本上解决供水水源类型单一及农业缺水问题，只可能加剧地下水超采以及区域内水生态循环系统的受损。Q 村的缺水问题，从社会影响层面看，是移民设施农业灌溉面临的用水和生计困难问题，从宏观生态系统层面看，则是 Q 村不合理的生计方式对生态用水的挤占。

（二）治理主体结构失衡与缺水问题的生产

治理主体结构的状况决定了实践中供水、分水、用水能否按照既定的规则运行，也决定了缺水动态等各种信息能否及时被传递、沟通，从而规避缺水问题的严重化。治理机制的顺畅程度，往往与相关利益主体的参与状况、各部门的协调配合机制相关联。Q 村缺水问题之所以形成并长期持续，治理主体结构失衡是重要的原因。

Q 村水利管理结构涉及自上而下的三个层级。第一层，地方政府是乡村水利设施的出资者和管理制度的制定者，这是水资源管理的正式层面。第二层，作为中介性质的"经纪人"——农业用水管理员，沟通地方政府与村民以处理遇到的灌溉问题。农业用水管理员并不具有

---

① 王铭铭：《"水利社会"的类型》，《读书》2004 年第 11 期。

国家制度体系的身份，是介于正式和非正式之间的"中间人"。原本可能成为中介的基层群众性自治组织——村委会，以及作为乡镇政府水利主管部门的乡镇水利站，面对村庄农业用水的"权"与"责"实质上是被悬置的、"真空"的，地方水务管理系统内部存在职能界定模糊和体制不顺，造成对地方水资源管理的不当配置，水利管理工作开展时上下衔接出现漏洞。因此也为农业用水管理员的权力留下了空间，甚至对地下水的分配产生直接影响。至此，从水资源管理的权力垂直分布来看，直接掌握村庄用水管理权的农业用水管理员实际上决定了用水的成效，对乡村水资源直接控制。第三层，作为被管理者和使用者的移民。在农业用水管理制度中移民对水的需求难以得到实时保障。

Q 村出现的缺水问题"移民管不了，村委会无权管，政府管不到"，原因正在于在当前以行政为基础的单一和层级式治理体系下，用水管理权最终落到了农业用水管理员这一唯一的主体身上，加之缺乏有效的监管机制，从而使得农业用水管理员的村庄归属和社会关系得以在水分配中发挥作用。Q 村的灌溉水源由外村身份的本地人进行管理，因而缺水问题转化为社会关系和身份的表达，使得移民群体在用水中处于劣势地位。

移民群体、基层自治组织和非制度性的参与相对有限和不足，反过来只能依赖政府及农业用水管理员，进一步制造了缺水。Q 村移民曾经向村委会和水利部门反映，希望撤换该村农业用水管理员，但是由于无人能比现任管理员了解当地地下水管道铺设和维修的情况，只能由其继续担任。

（三）"福利水"与市场治理的缺席

在 Q 村，灌溉水资源所具有的"福利水"性质导致水价偏离实际价值，加大了治理成本，同时也加剧了缺水问题。

一方面，水既是一种有限的资源又是一种商品，但很显然 Q 村的水费并未显示地下水资源的真实价格和稀缺性价值。Q 村的地下水资源利用与支配是与土地紧密联系在一起的。菜棚大小分为三种类型，在搬迁时抓阄随机分配。大棚一般是 100 米长×12 米宽；中棚是 70 米长×10 米宽或 80 米长×10 米宽；小棚是 45 米长×6 米宽。水费根据菜棚的面积收取，移民一般每年最高缴费仅 400 元左右。水费的非流量计算，以及水价过低，造成移民节约意识不强，增加了水资源浪费。移民一般认为水是"公家的"和自己"交了钱的"，理应随意支配使用。

另一方面，当地农业灌溉中，政府需要承担相关费用，包括亏损运行的水费、电费、维修费等。随着机井工程和机电设备逐渐老化，供水越多，亏损越多。这些成本由政府承担，因此成为政府治理成本的一部分，也即成为种植户福利的一部分。就 Q 村而言，蔬菜大棚涉及水费和电费，政府每年从移民那里所收取的水费仅够维持机井运行产生的基础性电费，实际上水费和电费赤字每年都会超过 3 万元并由政府承担，亦未能从成本层面约束过度用水行为。

水价和水权制度作为调节水资源短缺最重要的市场治理手段，应用得当可提升移民的精准化用水水平，从而起到节水作用。但是如果按照"水是商品"的准则，以市场中合理的水价进行改革，对于 Q 村原本生活困难的移民而言无疑是陷入了另一场生存危机，从而引发新的社会问题。要么维持低水价保障移民生计，但不利于节水，要么提高水价保护水资源，但会衍生移民生计难以得到保障的风险，这是当前治理格局下的治理两难。

（四）技术治理的支撑力与精准化不足

治理是一项系统工程，合理的技术治理有助于实现治理机制的规范化、系统化和精准化。"治水的技术与治理的体制是水利供给中的一体两面，必须系统化地并存。"[①] 治水体制不畅的背景下，治水技术往

---

① 刘涛：《近年来旱灾的成因与治理对策——基于"治理性干旱"视角的分析》，《水利发展研究》2011 年第 12 期。

往往难以实现最优应用，继而影响治水目标的达成。在 Q 村，缺少有效的技术治理支撑是缺水问题不断深化的重要成因之一。

Q 村水治理手段的技术化程度总体偏低。当地尚未建立起信息技术紧密结合的日常水资源管理制度，这限制了技术服务于治理决策及其调整的作用空间。在 Q 村具体的治理实践层面，存在灌溉用水计量终端设备配套不齐全、高效节水灌溉技术利用率低、水利网络的数字化和智能化水平低等问题。对水资源信息的获取与核验不及时，使决策者未能掌握水的供给变化和移民的需求满足程度，也未能察觉缺水与水浪费并存的问题。如果地方水利部门对建设基层水利供给与用水的水智慧网络给予充分重视，缺水信息则会得到实时反馈，治理决策的优化和调整也将有更大的可能。但从现实看，Q 村及周边地区尚且缺乏推动高效的基层水利管理体制与治水技术互嵌的治理环境。

（五）风险治理的意识和能力不足

风险研判和风险化解能力在公共治理中极为重要。而对风险的认知、评估、态度、判断共同决定了治理主体是否可能防患于未然以及选择何种方式对可能的问题加以应对。"治理不过是一套实现特定选择和决策的适度安排，它的功能不是消除风险，而是辨别和应对风险。同时，任何一种治理形式自身也在产生着风险，因为它也是一种选择。"[①] 一方面，有效的治理以具有辨别和应对风险的能力为前提；另一方面，治理也是风险的制造者，可能衍生新的风险或转变为新的社会问题。

Q 村的缺水问题显示出地方政府部门对缺水风险的精准感知和综合预警能力不足。在缺水地区，以设施农业作为移民群体的安置措施，地方政府应当对移民的可持续生计风险、水资源过度开采的风险以及水质污染的风险分别做出合理研判与评估。很显然，当地政府部门不仅缺

---

① 杨雪冬：《全球化、风险社会与复合治理》，《马克思主义与现实》2004 年第 4 期。

乏风险治理的意识，未能防患于未然，而且缺乏日常监控和风险治理所需的能力，即便各风险项成为现实仍然未能采取有效的措施加以应对，这也导致 Q 村缺水问题的深层次积累。

五　余论

本文通过对 Q 村这样一个生态移民村庄缺水和问题生成的探讨，展现了治理是如何引起缺水问题和村庄内外因"水"而起的矛盾。在这一过程中，作为农业用水需求者和被管理者的移民，其用水行为嵌入外部制度环境以及围绕水治理所重建的新村庄秩序之中。地方治理实践并未如其初衷解决山区移民的"先天"缺水困境，反而因为治理本身在治理理念、治理主体结构、治理路径及技术手段等方面的不足，在"后天"社会环境中制造了新的缺水问题和社会矛盾。对当地缺水问题的探讨，如果局限于当地资源型缺水的客观现实，那么"治理型缺水"的现实就会被遮蔽。

治理型缺水问题的解决，不仅要从重新认识自然资源的特征入手，还需要回到人的问题和治理中，平衡人水关系，调整分水和用水的社会关系，重建治理体系。合理开发利用 Q 村所在的 G 市一带的水资源，保障当地民众的可持续生计和发展，从以下几方面完善治理体系尤为重要：第一，构建系统治理理念，在修复和保护水生态系统的基础上，树立"以水定需定产"的可持续发展观，统筹考虑当地生产、生活和生态的需水量与用水量，优化产业结构。第二，坚持开源与节流并重的治理方式。第三，完善并优化水资源治理及监管制度，构建精准的基层水利服务体系和基础设施。第四，"两手发力"，治理既不能缺位也不能越位，为民间、市场和社会等多方力量提供参与治理的可能性，实现治理主体的多元化。

在全球气候变化的宏观背景下，治理型缺水的解决也并不意味着缺水问题的终止。随着全球人口增长和极端气候的出现，淡水资源的缺乏需要引起全社会的关注。人类对淡水的需求远超自然可供给量及承载力时，缺水不再是地方性与区域性的问题。对缺水问题的研究，一方面需要突破显著缺水地的地域范围，另一方面要突破局限于用水领域的狭窄视域。对"缺水社会"的综合性研究是一个重要思路。要认识到"缺水社会"的生态脆弱性与社会脆弱性相伴生，对其进行系统性研究，有助于重建气候适应型社会。

琵琶湖的环境治理与政策：环境社会学视角的探索[*]

杨　平　〔日〕香川雄一[**]

摘　要：日本琵琶湖的水环境经历了什么；环境污染的问题是如何解决的；在此过程中市民参与活动发挥了什么作用；在琵琶湖的综合开发中公众是如何参与的；古代湖的生物多样性是如何保护的；环境政策如何制定以及有何作用；等等。针对这些问题，本文从环境社会学视角加以阐述，为以湖以水为缘的环境问题的探究提供学术交流的平台。通过对环境政策实施中存在的社会问题的探究，本文希望对环境社会学研究提出新的建议。

关键词：琵琶湖　环境社会学　环境政策　市民活动　环保教育

一　前言

日本最大的湖泊琵琶湖，是环境政策实施的主要示范地之一。从

*　河海大学朱伟教授对本文修改提出了宝贵意见，特此感谢。

**　杨平，琵琶湖博物馆研究部专业研究员，研究方向为环境社会学；〔日〕香川雄一，滋贺县立大学教授，研究方向为环境地理学。

20 世纪 50 年代到 70 年代，自然生态破坏导致的环境问题成为环境政策最为关注的议题。伴随经济高速增长时期的结束，工业污染问题得到一定的缓解。与此同时，生活环境开始成为重点，特别是作为饮用水源的河流和湖泊的水质，引起了人们的极大关注。

琵琶湖位于滋贺县，由于出水流经下游的淀川流域，也成为日本西部人口最稠密地区的饮用水水源，支撑着沿濑田川—淀川一线京都、大阪、神户等城市的饮用水供水。琵琶湖流域范围和滋贺县管辖区域基本重合，滋贺县也因此而闻名全日本。拥有一百多万人口的滋贺县，历史上是著名的粮仓，琵琶湖流域内平原地区分布着密集的大小河川和稻田。除供应滋贺县的饮用水外，琵琶湖还供应着下游地区的京都、大阪等近畿地区①的超过 1500 万人口的饮用水，水质状况关系着整个日本关西地区的饮水安全，所以地位尤显重要。

本文在回顾琵琶湖环境政策的历史和特点的同时，从环境社会学的角度，概述了琵琶湖水环境的治理过程并对环境政策的制定和实施历程进行了梳理。通过回顾和总结，分析生产生活环境的变化与水环境变化之间的密切关系、环境政策在区域开发与保护生物多样性之间的权衡，探讨适合当地社会生产生活的有效环境政策及其发展趋势。

二　琵琶湖水质恶化及市民的环保运动

从 20 世纪 70 年代开始，水华现象经常在琵琶湖发生，水体富营养化问题日益严重。造成富营养化的主要因素是构成生物营养成分的氮、磷，其中磷元素是主要影响因子。水体中氮、磷浓度的提高，会造成浮游生物及水生植物的异常繁殖，进而导致水体中溶解氧的含量急剧下降从而引起水质恶化。1977 年，浮游植物大量繁殖，聚集在水面，导致水体发生红褐色变化，同时伴有腥臭味。自从 1977 年观测以来，除了 1986 年、

---

① 近畿地区包含大阪、京都、神户、兵库和歌山地区。

1997 年、1998 年以及 2001 年之外，富营养化问题均有不同程度的发生。1983 年，琵琶湖南湖发生了蓝藻水华现象，蓝藻类浮游植物大量繁殖，浮于水面使水体颜色变为绿色。

蓝藻水华发生时，各种生态系统都出现异常，鱼贝类出现死亡现象，湖边恶臭，居住在湖边的居民无法使用湖水，严重影响了人们的生活。更重要的是，自来水中出现臭味，产生了严重的社会影响。当地居民（以主妇为主）通过当地妇女协会和其他组织发起公民运动，呼吁停止使用有害健康的合成洗涤剂，因为合成洗涤剂中所含的磷是造成蓝藻水华的原因之一。

针对合成洗涤剂的问题，市民开始举办洗涤剂学习会，并联合购买肥皂来代替合成洗涤剂。以此为契机，市民开始停止使用含磷的合成洗涤剂，转而使用主要由天然油脂制成的肥皂。这种自发式活动最初主要在家庭主妇中传播，但最终发展为消费合作社、渔民合作社、农业合作社、劳工团体、福利团体、少年商会等组织共同参与的大规模运动。同时，当地也掀起了一场将家里烹制天妇罗和炸鸡的"废弃食用油"回收再利用的运动，从而为废弃的食用油寻找到了再利用的途径。1978 年，滋贺县成立了县联络会议，提倡保护琵琶湖，要求政府立即采取具体措施。随着市民组织的努力和媒体的传播，政府和市民之间形成了一种协作关系，呼吁当地的各种组织和市民一起保护琵琶湖。改善琵琶湖水质的运动被称为"洗涤剂运动"。此后，"洗涤剂运动"被推广到琵琶湖整个流域。

由于市民运动的推动，1980 年 7 月 1 日，滋贺县颁布了《滋贺县琵琶湖富营养化防治条例》，明确禁止使用含有磷的家用合成洗涤剂，并对工业废水中磷的排放进行了严格的限制。经过大规模的污水收集管网和污水厂的建设，污水收集处理系统得到了完善。到 20 世纪 80 年代中期，琵琶湖的水质得到了一定程度的改善，磷和氮的浓度开始逐渐下降。

滋贺县于 1981 年将 7 月 1 日定为"琵琶湖日"。在"琵琶湖日"，包括市民、非营利组织、企业、政府在内的约 10 万人会参加湖岸清扫、芦苇收割等环境保护活动。此外，1992 年 7 月 1 日，滋贺县颁布《滋贺县芦苇群落保护条例》，规定了开展芦苇保护、芦苇群落创建、芦苇种植、湖岸清扫等工作的规则。

三 琵琶湖综合开发与公众参与

滋贺县是近畿地区稻田面积占比最高的农业县。1955～1970 年，琵琶湖南区的稻田面积明显减少，东区的许多内湖被围垦。到 1970 年左右，由于围湖造地，松之木内湖的大约一半变成了稻田。1970～1985年，湖滨地区稻田面积占比由 35.7% 下降到 30.6%，在此期间减少的大部分稻田都被转化为城市用地。[①] 由于市区面积的扩大，相当于琵琶湖水面面积约 2% 的范围被围垦利用。同时，为了提高野洲川大坝的防洪标准，当地对分为两支的入湖河口实施了合并工程。表 1 为整理的琵琶湖湖滨带影响较大的一些环境工程和政策的实施情况。

表 1 琵琶湖湖滨带的环境工程和政策

年份	内容
1944	设置琵琶湖围垦事务所
1951	野洲川大坝竣工
1952	中小湖泊围垦工程竣工
1961	《农业基本法》颁布
1964	琵琶湖大桥竣工
1972	《琵琶湖综合开发特别措施法》颁布
1974	穿越南湖的近江大桥竣工
1977	矢桥人工岛开工
1982	决定将《琵琶湖综合开发特别措施法》延长 10 年

---

① 佐藤治雄・で爸芯眯小い川原淳「土地利用の変遷からみた琵琶湖湖岸域における景観変化」『ランドスケープ研究』60（5）、1997、515 - 520 頁.

年份	内容
1986	《琵琶湖富营养化防治条例》施行
1987	"母亲湖 21 世纪规划"制定

依据 1972 年 6 月颁布的《琵琶湖综合开发特别措施法》，滋贺县于 1972 年 12 月制订了《琵琶湖综合开发计划》。该计划的目的是"恢复自然环境和水质"、"有效利用资源"和"促进琵琶湖及其周边地区保护、开发和管理"。作为实现这一目标的措施的一部分，实施了"保护"、"水利用"和"防洪"等综合性项目。其中污水收集管网工程是水质保护工程中规模最大的一项，耗资很大。《琵琶湖综合开发计划》的实施给当时的社会经济和财政带来了沉重的负担，但在解决上下游防洪之间长期存在的矛盾上发挥了重要的作用，并且在保护琵琶湖的基础上，形成了"安全""舒适"的琵琶湖流域。《琵琶湖综合开发计划》在制订阶段就引入了与自然和谐相处的防洪方法（多自然工法）。

《琵琶湖综合开发计划》在制订时特别强调，"滋贺县知事在决定《琵琶湖综合开发计划》时应听取各种建议"，"在制定过程中，必须听取相关地区知事的意见，召开公开听证会，听取居民的意见，并经过县议会审议所提出的意见。工程建成后的运行管理费用，通过协商由下游用水机构承担"。其后，滋贺县相继颁布了《水源地域对策特别措施法》和《湖泊水质保护特别措施法》。在此基础上，由水源区相关地方政府和下游受益区地方政府协商关于琵琶湖流域水环境问题的解决方案。由于规划周期改变、项目规模扩大，在新增项目的决定过程中，当地在制度选择、居民参与等方面仍有不足。

在这些政策制定的同时，琵琶湖地区政府与居民合作的环境社会学和环境地理学的研究也得到深入发展。1982 年，滋贺县建立了行政和地方政府信息公开制度。2005 年，滋贺县对《行政诉讼法》进行了修改，增加了公众在舆论、环境治理公共工程规划等方面的参与途径。2008 年，滋贺县制定了公共工程的公众参与指南，在目标和程序方面也有较多的探讨。① 其中一个讨论点就是如何向参与者提供必要和充分的信息进行协商、如何做出"有意义的回应"。② 例如，熟悉琵琶湖生物的"市民专家"通过持续调查，并与政府合作进行分析和研究，成为"公民科学"的承载者。环境评估和环境活动非常活跃，政府和当地居民合作，与大学、研究所和公司合作，参与的圈子不断扩大。同时，市民可以通过网络平台参与，协作的机制也在开发和推进之中。重视市民提出的不同观点，将其纳入环境研究和琵琶湖环境治理的活动之中，对多样化的活动给予支持，对于政府与市民的环境协作是非常重要的。

从 20 世纪 60 年代开始，琵琶湖经历了 30 余年的治理，水体的透明度等环境监测指标有了很大程度的改善。从监测点、监测断面的数据来看，琵琶湖的水环境得到了明显的改善。但是居住在湖边、生活在当地的一部分居民有自己的看法。他们认为与 20 世纪 60 年代之前的琵琶湖相比，现在的琵琶湖仍然算不上"干净"。虽然水质指标恢复了，但是从前进行生产生活、留有"乡愁"记忆的重要部分大多数消失了。内湖、芦苇荡、自然沼泽地减少或消失了；可以捉鱼、玩耍、游泳的河川等自然景观没有了，这些自然环境难以恢复。这里就出现了一个问题，监测点的水质改善是否代表整个湖泊的环境好转？基于此，有学者提出了"生活环境主义"理论。③ 虽然从下游用水等方面看，琵琶湖的

---

① 小野聡・井関崇博・原科幸彦「道路計画策定のための PI における 協議会の運営方法に関する研究—千葉柏道路協議会を事例として」『計画行政』32（2）、2009、35－44 頁.

② 原科幸彦『市民参加と合意形成』学芸出版社、2005.

③ 鳥越皓之『環境問題の社会理論』東京：お茶の水書房、1989. 鳥越皓之・嘉田由紀子『水と人の環境史』東京：お茶の水書房、1984. 嘉田由紀子・古谷桂信『生活環境主義でいこう―琵琶湖に恋した知事』東京：岩波書店、2008. 嘉田由紀子「人と生きものでにぎわう 農村琵琶湖からのメッセージ——魚のゆりかご水田プロジェクト」『JA 総研 report』15、2010、1－3 頁. 嘉田由紀子「生活環境主義を基調とした治水政策論——環境社会学の政策的境位」（特集災害——環境社会学の新しい視角）『環境社会学研究』16、2010、33－47 頁. 嘉田由紀子「琵琶湖をめぐる住民研究から滋賀県知事としての政治実践へ——生活環境主義の展開としての知事職への挑戦と今後の課題——」『環境社会学研究』24（0）、2018、89－105 頁.

水环境得到了改善，但是当地居住者有不同的感受。这就是社会学中所说的"立场"问题。有学者认为，"居住在当地的居民对环境的感受是环境好坏的重要判断标准"。① 因此，琵琶湖的治理就出现了需要进一步对自然环境进行恢复的命题。

渔民的参与对琵琶湖的治理产生了积极的影响。历史上，渔民在琵琶湖环境保护中发挥了重要作用，将琵琶湖的水质保持在健康水平，维持鱼类的生存环境，使得渔业延续下来。由于琵琶湖靠近日本古都京都，这个大消费区的存在使其在历史上形成了鱼类水产区的优势。经济高速增长后，水质恶化，以捕鱼为生的接班人缺乏等因素造成渔民人数、水产捕捞量都呈下降趋势，但幸运的是，琵琶湖渔业仍然保留了它的传统。在对琵琶湖西部地区的渔业组合协会的渔民的长期访谈中，我们了解到，渔民在打鱼期之外，还会对湖泊以及河川中的外来鱼种开展定期的驱除活动。有些渔民会同当地市民定期清理湖边以及芦苇荡里漂浮的垃圾，有些渔民会到山林中查看山中水系的环境状况等。这些活动与渔民的捕捞生计没有直接联系，但是正是这些看似平常的活动，不仅对于当地人形成保护鱼类资源的意识有一定的影响，还对促进水环境的保护起到重要的作用。对渔民的生活生计环境以及日常生活中人们的生活方式与行为规范等的调研结果表明，渔民在水环境保护活动中发挥了积极作用。

后来的研究表现，渔民对水环境保护的积极贡献不仅适用于琵琶湖渔业，也适用于沿海渔业。香川雄一对琵琶湖渔民与韩国渔民进行了

---

① 鳥越皓之『環境問題の社会理論』東京：お茶の水書房、1989. 鳥越皓之・嘉田由紀子『水と人の環境史』東京：お茶の水書房、1984. 嘉田由紀子・古谷桂信『生活環境主義でいこう—琵琶湖に恋した知事』東京：岩波書店、2008. 嘉田由紀子「人と生きものでにぎわう農村琵琶湖からのメッセージ——魚のゆりかご水田プロジェクト」『JA 総研report』15、2010、1-3 頁. 嘉田由紀子「生活環境主義を基調とした治水政策論——環境社会学の政策的境位」（特集災害——環境社会学の新しい視角）『環境社会学研究』16、2010、33-47 頁. 嘉田由紀子「琵琶湖をめぐる住民研究から滋賀県知事としての政治実践へ——生活環境主義の展開としての知事職への挑戦と今後の課題——」『環境社会学研究』24（0）、2018、89-105 頁.

案例比较，从可持续环境利用的角度论证了渔民存在的意义。[①] 尽管受到环境变化的影响，渔民捕鱼作为生计方式也有助于环境保护。

除了上述的环保运动之外，市民为保护琵琶湖水环境而开展的地方环保活动仍在以多种方式开展。例如，为了积极保护芦苇，企业、社区、居民委员会以及公共和私营部门在芦苇群落的维护和管理方面进行合作，包括种植和收割芦苇、清洁湖岸等。此外，他们还在湖边水域的芦苇地带附近的大小社区开展各种环境保护活动。

在琵琶湖有关水的保护方面进行的问卷调查结果显示，以市民力量改善琵琶湖水环境的活动还有很多。例如，关于废油再利用的市民参与活动。该活动是由活跃的市民志愿者号召组织。因为废油将会污染琵琶湖，所以当地居民在县内的一部分地区设立了收集点，从市民那里收集作为原材料的废油，将之做成环保用品。这样的活动，开始时很难得到其他市民的理解，活动宣传及活动参与效果也不是很理想。后续在政府、市民、企业等的支持下，这项环保活动得到迅速发展，从而使市民的力量达到了自上而下与自下而上的互动状态。

由于这些活动，参与环境保护的市民越来越多，产生了重要的意义。也就是说，重要的是要提高人们日常生活中的环保意识，从而减少污染排放活动的发生，而不仅仅是采取水处理等水环境治理的措施。这样的意识不断得到普及，很多居民在日常生活中尝试减少污染物排放的各种活动，例如在家中用油渣制成肥皂、对牛奶盒进行清洗并将清洗水用于植物喷洒、施肥等。一些热心的居民积极组织志愿活动以保护环境，通过收割水生植物、捡拾垃圾等活动保护琵琶湖流域河流的水环境。此外，滋贺县将捐款用于琵琶湖环境保护、为儿童提供琵琶湖水上学校、鱼类放生等各种环保教育项目。类似的环境教育活动包括琵琶湖体验、里山体验和普及琵琶湖环境重要性的 "UMI 之子" 活动。在琵

---

① 香川雄一「漁業者の視点からみた持続可能な環境利用：日韓の事例を通して」『地理科学』72（3）、2017、141 – 151 頁．

琶湖水上学校，小学生可乘船，用两天一夜的时间观察、研究琵琶湖中的生物等。自 1983 年以来，约有 45 万名儿童参与了这个环境教育项目。此外，滋贺县以及琵琶湖博物馆的环境学习中心的网站都设立了促进环境学习的基地，为从事环境工作的民众、地方组织等提供规划支持和信息发布。在网站上注册的市民团体已超过一百个，在环境学习等方面进行合作。同时县内各地也开展与市民环保行动相关的环境学习活动。在修订"母亲湖 21 世纪计划"第二阶段时，当地开展了"母亲湖论坛"，将研究者、政府与公众间的活动联系起来。该论坛由市民团体和研究人员组成的"母亲湖论坛琵琶湖会议指导委员会"推动，滋贺县政府以成员身份参与。琵琶湖流域涉及的各种参与主体，包括民众、非营利组织和企业经营者，都参与了管理计划的实施以及定位为评估和建议的论坛的建设。这种公共平台，通过跨部门联系和开展各种环保活动，推动各主体自愿、积极行动的机制，对形成保护琵琶湖"人与水、人与环境的关系的脉络"极为重要。此外，琵琶湖博物馆作为环境学习、交流研究、环保公众参与的平台之一，通过让全国各地的小学生、中学生、大学生以及各种市民团体在此学习体验环境，已成为公众环境教育的重要场所。

四 琵琶湖环保政策——"母亲湖 21 世纪计划"

滋贺县政府颁布的"母亲湖 21 世纪计划"是近 20 多年来琵琶湖最主要、影响最大的环境政策之一。"母亲湖 21 世纪计划"从开始到 2020 年横跨 22 年，分为 I 期（1999~2010 年）、II 期（2011~2020 年）。琵琶湖的这一规划反映了湖泊治理所积累的各种政策方面的经验，也更加深化了从社会学角度治理环境的重要性。"母亲湖 21 世纪计划"规划的目标是"湖与人的共生"，规划的支柱是"琵琶湖流域生态的保护和再生，生活与湖的关系的再生"，并呼吁更多的生活者共同参与规划的实施和管理。滋贺县在"母亲湖 21 世纪计划"的基本理念中提出：

①琵琶湖是自然与人类在长期共生岁月里形成的生命文化复合体，是具有多样价值的集合体，是必须与子孙后代共享的财产；②与琵琶湖相关的所有人都应该采取尽可能少的产生环境负荷的生活方式，保护环境，践行与环境和谐相处的生活方式，承担起将琵琶湖的恩惠传承给下一代的责任和义务；③为此，人们应该提高环保意识，形成新型生活文化，这是基于琵琶湖的特殊性、重要性、现状及问题、保护的必要性而形成的所有人与水的关系的共识。

"母亲湖 21 世纪计划" Ⅱ期在总结 Ⅰ期项目实施效果的基础上，指出了琵琶湖目前存在的主要问题：①农业、城市街区排水产生的面源污染未能完全解决；②湖边的芦苇湿地带以及自然湖岸带减少；③居民生活环境与湖泊的距离越来越远，人与琵琶湖的关系越来越淡漠；④外来鱼类入侵、水草过于繁茂、鸬鹚过量繁殖、湖底水体出现缺氧状态。

"母亲湖 21 世纪计划" Ⅱ期的治理措施主要分为两个方面。第一个方面是琵琶湖流域生态的保护和再生。"母亲湖 21 世纪计划" Ⅱ期政策提出必须将琵琶湖流域作为一个系统，进行整体性的生态保护和再生，将流域分为"湖体""湖滨区域""汇水区域"三个圈层，通过考虑圈层之间的联系制定目标、措施。具体的举措主要包括以下几个方面。一是湖体内主要固有物种的增殖、栽培与放流，包括芦苇湿地带修复同鲫鱼、鲶鱼与鳝鱼的放流以及稀有鱼种生存环境的紧急恢复。二是湖滨区域农业面源污染控制、多自然河川、水草收割、外来鱼的驱除等多方面的措施。三是汇水区域的水质保护、森林的保护、平原地区的环境保护和生态再生等。这一部分主要还是以工程措施为主，只在稻田面源、环境及生态保护的援助、下一代农村保护几个方面采用了一些非工程的措施。第二个方面是生活与湖泊关系的再生。"母亲湖 21 世纪计划" Ⅱ期将生活分为"个人、家庭""营生""地域"三个层面，通过考虑各层面之间的联系来制定目标和措施。具体来说，这一部分针对"个人、家庭"的措施有：节水和减少生活中的污染物、增加人与自然接触的活动、使用原产地产品的绿色采购、针对垃圾的行为规范等 10

个项目。针对"营生"的措施有：低污染农林水产业的活性化、地区环境与文化的保护与再生、可持续的产业振兴等 12 个项目。针对"地域"的措施有：地域间的交流对话、居民对自然价值的发现和再认识、支持地域保护活动的组织构建等 11 个项目。另外，为了让"个人、家庭"、"营生"和"地域"产生良好的互动，"母亲湖 21 世纪计划"Ⅱ期专门设置了环境学习、体验、观光事业等 23 个项目。在生活与湖泊的关系修复方面，主要措施是非工程性措施，这也是"母亲湖 21 世纪计划"Ⅱ期的最大特色。

五　琵琶湖的生物多样性与生物多样性保护的环境社会学实践

（一）琵琶湖的生物多样性

琵琶湖已有约 400 万年的历史，是日本最大、最古老的湖泊之一，也是世界上最著名的古代湖泊之一。由于古代湖的演化，琵琶湖中生存着大约 61 种固有物种，占日本所有淡水鱼种类的 2/3。[1] 内湖湖滨、芦苇荡和稻田都是鱼类的产卵地，但目前大部分内湖已经消失，流域环境发生了显著变化。[2] 表 2 呈现了现存内湖的数量和面积。

近 10 年琵琶湖的水质得到了明显的改善，但在物种保护方面仍然面临较大的挑战。琵琶湖的许多固有物种被认定为濒危或稀有物种。蓝鳃鱼等外来鱼类的入侵已经对固有物种造成威胁。固有物种生存环境恶化的其他原因被认为与河道整治、湖滨带改造、农田维护等人工地形改变有关，尤其是湖水水位的调度控制对于固有物种的产卵地产生了

① 　西野麻知子・秋山道雄・中島拓男編『琵琶湖岸からのメッセージ—保全・再生のための視点—』サンライズ出版、2017.
② 　香川雄一「琵琶湖漁村の変貌」滋賀県立大学人間文化学部地域文化学科編『大学的滋賀ガイド』55 - 73、昭和堂、2011.

较大影响。从生物多样性保护以及人类活动对生态系统的影响出发，水位的变化成为最基础的要素。

表 2 内湖的数量和面积

单位：公顷

编号	名称	面积	编号	名称	面积
1	野田沼（湖北）	8.6	18	松木内湖	19.9
2	南浦内湖	6.5	19	五反田沼	1.2
3	莲池	2.0	20	十坪沼	2.0
4	野田沼	8.4	21	菅沼	2.8
5	曽根沼	21.6	22	浜分沼	5.4
6	神上沼	3.6	23	貫川内湖	5.4
7	古矢場沼	3.6	24	细江内湖	1.5
8	伊庭内湖	49.0	25	旧野洲川（北流河口）	22.8
9	西湖	221.9	26	旧野洲川（南流河口北）	5.3
10	北庄沢	15.8	27	旧野洲川（南流河口南）	6.0
11	北沢沼	4.9	28	木浜内湖	27.6
12	志那中内湖	2.5	29	ERI 浜	2.3
13	平湖	13.4	30	小津袋	9.5
14	柳平湖	5.7	31	实验 RAGU	0.8
15	堅田内湖	7.9	32	津田江湾	34.5
16	近江舞子沼	7.8	33	殿田川内湖	1.0
17	乙女池	8.9			

资料来源：『内湖再生全体ビジョン 〜価値の再発見から始まる内湖機能の再生〜』2013、滋賀県。

水位变化和湖岸地形有着密切关系。因此，有必要从自然地理学的角度对湖岸地形的特征以及变化进行分类，从历史地理的角度利用古代地图、旧版地图、航拍照片以及 GIS（地理信息系统）区分湖岸的类型以及旧河道的位置。沿着湖岸线，不同类型的湖岸可能发生的环境问题的种类也会出现差异。当然，不同区域湖岸的类型对于防洪也能发挥一定的作用。近些年湖岸带所出现的植物变化也是沿湖地区环境问题的一种表征。湖岸的硬质化对植物产生的影响，以及沉水植物、底栖生物、鱼类发生的变化等，都成为滋贺县环境政策制定中关注的问题。同时，琵琶湖是《拉姆萨尔公约》中的重要湿地，因此鸟类的变化也成为研究对象。从自然地理的角度出发，滋贺县的环境政策制定不仅关注湖泊本身或湖滨带，也关注整个流域的范围。森林管理、入湖河道、生活污水收集处理、工业排放、农业排水以及废弃物的非法抛弃、塑料垃圾的处置等是琵琶湖环境政策考虑的问题。

琵琶湖存在诸多问题，需要全面掌握琵琶湖的水质、底泥、生物、植被、湖岸形态等环境状况，作为未来对策的基础数据。为此，滋贺县于 2014 年成立了由各研究所及相关行政部门组成的"琵琶湖环境研究推进机构"。为了恢复自然、生态和生物多样性，正在推进研究机构之间的合作，例如开始研究山、河、村庄和湖泊之间环境与生态生物以及人与自然的再生关系。

（二）生物多样性保护的环境社会学实践

自 1994 年以来，琵琶湖的水生植物数量显著增加，尤其是夏季，有的地区的水域中约 90% 的湖底被水生植物覆盖。① 过高的水生植物覆盖率对自然环境和生态系统产生了严重的影响，出现了湖底淤积速度加快和氧气浓度降低的问题。同时，这一问题也对生活环境产生了负面影响，出现了影响捕鱼和航运、堆积在岸边的水草腐烂产生难闻气味等问题。针对这一问题，滋贺县规定由近畿地区环境事务所负责水草的打捞和管理工作，使用专门的捞草船进行收割，在船只难以进入的浅水区域实施人工收割。

保护鱼类栖息地和放生鱼苗等措施每年都在实施，但尽管有迹象表明部分鱼类的捕捞量有所增加，但总体捕捞量仍在下降。这不仅是水质和环境变化的影响，外来物种造成的影响也不能低估。滋贺县采取措

① 『水草の刈取り・除去予定』滋賀県庁、https://www.pref.shiga.lg.jp/ippan/kankyoshizen/biwako/300103.html.

施驱除入侵物种，如在产卵场使用电击船集中消灭外来物种、在渔民和当地居民的合作下使用刺网捕捞等。此外，滋贺县呼吁民众在日常生活中提高环保意识并参与各种环保活动。例如，在湖边设置收集外来鱼种的箱子，来放置垂钓者钓到的外来鱼。此外，滋贺县于 1992 年制定了《滋贺县琵琶湖芦苇群落保护条例》，对作为鱼类产卵地的芦苇荡进行保护和修复。滋贺县还实施"渔业环境保护与创造工程"项目，恢复因人工改造而破坏的天然湖岸功能和恢复作为鱼类产卵和繁殖地的芦苇荡地带，以期增加鱼类的栖息地。为了改善鱼类的栖息环境，滋贺县还修建鱼道，营造鱼类洄游环境，不仅考虑了鱼类洄游到河流上游，也考虑了鱼类洄游进入稻田产卵的情况。

历史上，琵琶湖周围的稻田在雨季水位上升时会被洪水淹没，鲫鱼等鱼类就会进入稻田产卵。湖鱼从琵琶湖涌向稻田产卵，形成被称为"鱼岛"的景象。然而，琵琶湖综合开发项目修建了湖滨大堤，此后湖泊与稻田被大堤分开，鱼类的洄游通道被阻断，这一景象也就消失了。为了恢复湖鱼进入稻田产卵的条件，滋贺县政府启动了"摇篮稻田"环境项目，即在稻田、灌溉水路、河道、湖泊之间修建鱼道，让鱼能够洄游进入稻田。"摇篮稻田"项目从几个方面考虑：①"对鱼有益"，增加了鱼类的产卵场所；②"对琵琶湖有益"，增加了湖泊的生物多样性；③"对农民有益"，用更少的农药和化肥获得更安全的大米，因此被政府认定的"摇篮稻田"大米的价格高于普通稻米；④"对地区有益"，水路的共享使社区的作用得到加强，居民的互动更加活跃；⑤"对孩子有益"，孩子可以进入稻田捕鱼，加强了对自然的认知。这一政策得到琵琶湖流域内社区的积极响应。截至 2021 年，琵琶湖沿岸的 23 个地区、182 公顷面积的区域被认定为"摇篮稻田"。图 1 是加入"摇篮稻田"项目的社区数量分布。

与"摇篮稻田"项目相呼应，滋贺县也实施了"水源森林保护"的环境项目，旨在改善流入琵琶湖的河流最上游的水源。为了减少农药和化肥的使用，滋贺县制定了"环保农业"政策，为单位农田的施肥量制定基准值。农民自主减少农药、化肥的使用会得到政府的奖励。在渔业方面，滋贺县制定了"琵琶湖渔业"政策，鼓励使用传统方式进行捕鱼。此外，与鱼相关的饮食文化方面，滋贺县呼吁保护以琵琶湖鲫鱼为原料的腌制食品等。这一系列项目和政策组成了"琵琶湖系统"，成为连接森林、村庄、河流和湖泊生态系统的生计综合体。

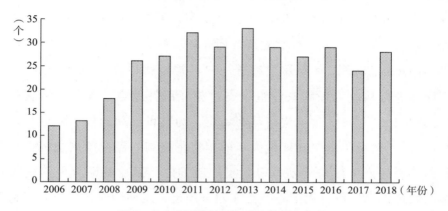

图1　加入"摇篮稻田"项目的社区数量

资料来源：滋贺县农政水产部农政科。

　　历史上的稻田曾经是湖泊的一部分，没有水闸等设施的河道成为连接稻田和湖泊的"生命线"。稻田、河道中栖息着鱼虾，湖泊中的鱼洄游到稻田中产卵，居民在稻田中捕捉鱼虾为食。这种场景是"鱼米之乡"渔耕文化的典型代表。从社会学的角度来看，稻田这一"生活"环境与湖泊生态建立了良好的关系，使得这种稻作模式得以继续。

　　琵琶湖综合治理过程中，为了排涝和用水方便，大多数河道修建了水闸以及道路，造成鱼类洄游的"生命线"被隔断，加上农药的使用，稻田中的鱼虾"不见踪影"。随着生物栖息环境的变化，历史上形成的人与自然的关系也随之遭到严重的破坏。同时，近些年琵琶湖内外来鱼种的入侵加剧了固有鱼种数量的下降。由此不仅产生了琵琶湖生物多样性下降的问题，也影响了"鱼米之乡"渔耕文化的传承。"让鱼回到稻田"不仅是生态修复的需要，也成为文化以及人与自然关系修复的一种需要。"让鱼回到稻田"不是单纯地采用生态工程措施，滋贺县采用"生活环境主义"的方法，从修复围绕稻田这一"生活"环境中人与自然的关系入手，启动了"摇篮稻田"项目。与"环保农业"项目的措施有所不同，"摇篮稻田"项目采用了工程措施和非工程措施相结合的方法。"摇篮稻田"项目的工程措施是由县政府出资进行河道、渠道等的改修，主要是恢复琵琶湖和稻田之间生态系统的连续性工程。工程大部分是修建鱼道，以解决水位落差大、鱼类不能洄游的问题。非工程措施除了政府认证、补贴政策，还有环境教育、公众参与、乡村建设等。2006 年滋贺县为设置了鱼道、在正常稻耕以外考虑鱼类的洄游、产卵并进行相应管理的农业组织支付相应的补助金。此外，滋贺县对"摇篮稻田"生产的大米进行品牌认定，为其设计品牌标志并进行商标登记。"摇篮稻田米"比一般大米的销售价格高。琵琶湖周边的稻田等自然环境的公众参与活动也得到了广泛推广。接受补贴并使用这一商标的农户，在稻作过程中必须遵守四点规定：①使用对鱼类影响最低的农药，在施药后的几天内不能向田外排水，这期间也要防止鱼类进入；②适度施肥，保证对鱼类的栖息环境不产生影响；③中间排水时保证幼鱼能从稻田流入渠道；④保证通过鱼道洄游的鱼类在稻田内产卵、繁殖。从 2006 年开始，滋贺县在琵琶湖周边的稻田中修复鱼类洄游的通道，到 2009 年时，"摇篮稻田"项目在琵琶湖周边已扩展到 26 个地域，稻田面积约 111 公顷。金尾滋史等人的研究结果表明，稻田中的鱼类产卵繁殖后，鱼苗的平均生存率已超过琵琶湖沿岸芦苇带的鱼苗生存率。① 此外，金尾滋史的研究结果表明，"摇篮稻田"起到了使鱼类通过排水渠洄游，再次返回稻田，并将稻田作为繁殖地的作用。对一些栖

---

① 金尾滋史・大塚泰介・前畑政善・鈴木規慈・沢田裕一「ニゴロブナ Carassius auratus gran-doculisの初期成長の場としての水田の有効性」『日本水産学会誌』75 (2)、2009、191 – 197 頁. 金尾滋史：「どうすれば魚は田んぼで繁殖できるか？」『海洋と生物』35、2013、202 – 207 頁. 金尾滋史・大塚泰介「魚のゆりかごとしての水田 – 湖国・滋賀からの発信 –」『海洋と生物』35、2013、195 – 196 頁. 前畑政善・大塚泰介・水野敏明・金尾滋史「水田で育ったニゴロブナ幼魚の水田内残存と脱出場所の選択性」『農業農村工学会論文集』78 (3)、2010、183 – 188 頁.

息在琵琶湖和河流中的鱼类来说，这些措施有利于其繁殖地的恢复，并为其提供了产卵和早期生长的场所。"摇篮稻田"项目引起了日本全国的关注。然而，依然存在挑战。金尾滋史指出"摇篮稻田"的堰式水田鱼道仅适用于少数鱼类。未来有必要将水路的结构加以改进，使多种鱼类都可以使用。①

"摇篮稻田"项目的实施，关键在于政府的引导和多专业研究者的共同调查，更重要的是需要水田耕作者的相互配合。琵琶湖周围的"摇篮稻田"边的水渠中使用的鱼道大致分为两种：一种是直接在排水渠和稻田之间，是一条相连的稻田鱼道；另一种是在支流渠内逐级插入坝板，将整个支流渠隔开。这种渔道是用作道路的堰式鱼道，在技术上更简单、更经济。这样的工程不仅需要所有水田耕作者的同意和共同协商，而且需要以鱼梯、鱼道、水渠等以水环境为缘的居民形成各种大小不同的共同体。这些共同体的形成使得以琵琶湖周围的水田、水渠等自然环境以及鱼类等生物为对象的环保活动得到广泛推广。这种人与自然关系的恢复，带动了人与人之间在生产生活上的联结与交流。"摇篮稻田"项目看似只着重解决农业问题、生态问题、生物多样性问题，实际上该项目更重要的意义是促进人们对自然环境关爱的意识的生成，从而使这种共同体的共识发展到实际地区的共同行动中来。②

六 结语

日本琵琶湖的环境政策以及从环境社会学角度进行的探索，是一种政府结合地区相关单位、社区、居民开展的人与湖泊关系调整的方法。作为地方政府，滋贺县不断改进相应的水环境政策，加之社区、居

---

① 金尾滋史「魚たちの様々な水田利用法」大塚泰介・嶺田拓也『なぜ田んぼには多様な生き物がすむのか』京都：京都大学出版社、2020、104–126頁.

② 杨平・嘉田由紀子『水と生きる地域の力—琵琶湖・太湖の比較から』彦根：サンライズ出版、2022。

民的积极参与，使得琵琶湖水质、水资源以及防洪问题在一定程度上得
到了解决。虽然琵琶湖的面积、流域状况和人口规模可能与中国的太湖
等湖泊相差很大，但日本所经历的水环境问题和通过水环境政策尝试
解决问题的方法有一定的参考价值。以湖以水为缘，以政府、社区、居
民为主体，通过深化对环境问题的认识，对人类活动方式进行反省，成
为解决环境问题的一种社会学手段。希望这种方法能够在更广的范围
以及不同尺度得以应用，期待环境政策的有效实施对环境改善发挥更
为显著的作用。

非洲水问题的历史变迁与治理选择

摘 要： 水资源在非洲非常珍贵，这并不是由于地理上的缺水，而是由于水资源时空分布不均、开发不足、供水效率和水治理能力低下造成的。非洲水问题是非洲历史的一面镜子，反映了非洲从被殖民统治前、被殖民时期到民族国家独立后努力掌控资源，却最终不得不与世界合作伙伴一起进行水资源治理的过程。多领域和多参与者共同参与治理、基础设施薄弱、政治稳定性欠佳、传统文化习俗的影响力较大，成为非洲水治理的特点。尽管非洲国家整体能力的提升是其独立进行水治理的前提，但因地制宜地利用本土知识，审时度势地借助其他新兴经济体的外部力量，无疑是提升非洲水治理水平的良策。

关键词： 水资源 水问题 水治理

---

[*] 张瑾，上海师范大学非洲研究中心副主任、副教授，研究方向主要为非洲经济环境史、非洲水资源。

一　水：非洲发展的镜子

　　水资源包括经人类控制并直接可供灌溉、发电、给水、航运、养殖等用途的地表水、地下水，如江河、湖泊、井、泉、潮汐、港湾和养殖水域等，是发展国民经济不可缺少的重要自然资源。[①] 然而，水资源在世界各地分布不均，很多地方的水需求与水供给存在很大缺口。近年来，许多研究发现地球的淡水资源正在耗竭。虽然超过 70% 的地球表面由水组成，共计 3.4 万亿 ~ 4.6 万亿立方米，但是淡水只占不到 3%。尤其是这些淡水资源的 74% 保存于冰川和极地冰雪中，25% 保存在土壤中，除非消耗地下水，否则不能被使用。这样，只有 1% 的地球淡水可用于满足所有人类、动植物所需。[②] 有学者进而推论，根据最近 20 年的发展，到 2050 年左右，淡水的需求将超过供给能力，尤其是那些降水稀少的地区，将根据推进的工农业项目所需来计划供水。

　　在世人眼中，非洲一直是"干涸"的大陆，无论是撒哈拉沙漠的壮阔图景，还是萨赫勒地区的连年旱情，或者南非近几年面临的"水危机"，都不断加深人们对于非洲缺水的印象。但如果从整个非洲大陆水资源涵盖的类型而言，非洲并不缺乏水资源，外流区域占总面积的86.2%，是世界上唯一一个四面都环海的大洲。非洲内流水系大概占总面积的 31.8%，其淡水资源总量约占世界淡水资源的 9%，尤其是非洲的中部和西部水资源丰沛，集中了非洲 70% 以上的水资源。[③]

　　然而，非洲水资源的季节和地区分布却存在严重不均。季节降水的多寡不定，区域分布不均衡（见表 1）。不同国家水资源的存量和用途

---

① 　张瑾：《非洲水治理的研究视角和特点》，《中国非洲学刊》2022 年第 1 期。

② 　数据来源：Water Science School，*How Much Water is There on Earth?* https://www.usgs.gov/special-topics/water-science-schod/science/how-much-water-there-earth，2019 年 11 月 3 日。

③ 　UNESCO World Water Assessment Programme, *The United Nations World Water Development Report 2021：Valuing Water Corporate*, 2021, p. 108.

都不相同。叠加非洲区域人口分布的问题，超过 40% 的人口生活在贫瘠、半贫瘠和半干旱半潮湿地区，造成 8 亿非洲人口中有 3 亿处于缺水环境中。① 近年来，由于气候变化加剧，东非等地的降水量下降，地下水不断减少，可供给非洲农业和区域的水资源不断减少，也进一步限制了非洲的工业发展。产业无法发展使得非洲水资源的合理开发不足，供水效率和水治理能力较低。

表1　非洲不同气候区年降水情况的描述性统计

单位：毫升

气候区	平均值	峰值	谷值	标准值
热带草原	1120.4	1294.3	861.0	88.3
北部亚热带沙漠	246.2	400.9	178.4	46.4
北部热带沙漠	74.1	108.6	38.2	14.9
北部亚热带半干旱	445.1	542.9	293.9	51.5
热带雨林	1793.0	2108.6	1325.0	165.7
南部热带半干旱	810.5	971.4	611.0	84.1
南部热带沙漠	271.3	514.1	138.9	87.6
南部亚热带沙漠	400.7	521.3	289.5	52.3
南部亚热带湿润	549.9	641.6	445.2	48.9
热带草原（MA*）	1146.1	1418.0	886.0	135.2
北部热带半干旱（MA*）	523.9	771.0	268.0	116.3
北部亚热带湿润	447.9	662.6	317.0	82.9
热带雨林（MA*）	1411.1	1779.9	910.6	179.2

* MA：马达加斯加。

资料来源：N. Alahacoon, M. Edirisinghe, M. Simwanda, E. Perera, V. R. Nyirenda and M. Ranagalage, "Rainfall Variability and Trends over the African Continent Using TAMSAT Data (1983–2020): Towards Climate Change Resilience and Adaptation," *Remote Sens*, Vol. 96, No. 14, 2022, https://doi.org/10.3390/rs14010096。

更加令人担忧的是，非洲的水环境在加速恶化。卫星数据显示，非洲重要的水源地、最大的淡水保护区乍得湖正在枯竭，维多利亚湖水位正在下降，尼罗河三角洲也面临水土流失和陆地下沉等各种问题。本应

① "Water in Africa", UN-System-Wide Support to AU/NEPAD, 2006.

在埃及流入地中海的尼罗河，如今在抵达地中海之前就已经被使用殆尽。这不仅使海水入侵了尼罗河三角洲 3 公里土地，甚至使整个三角洲下沉，还使数以百万生活在尼罗河三角洲的民众受到威胁。

在全球近 7.5 亿缺乏净水的人口中，约有 3.4 亿人口生活在非洲。其中，1.59 亿非洲人仍然在使用地表水，他们中的 1.02 亿人居住在撒哈拉以南非洲，占比接近 2/3。在撒哈拉以南非洲的 11 亿总人口中，每小时有 115 名非洲人死于恶劣的环境卫生、个人卫生和受污染水源引起的疾病。[①] 妇女及女孩是获取水源的主要劳动者，其每天工作的平均时间为 6 小时，为了取水，她们每天还得走上约 6 公里路才能到达水源处。而水，大多是污浊的。尽管千年发展目标的水资源及环境卫生援助中有 35% 旨在帮助撒哈拉以南非洲，但只有 27% 的资金被用于该区域。[②]

二　水：非洲历史的印迹

从环境史的纵深视角来看，7000 年以前的撒哈拉区域并不是如今的荒漠，水土丰美，商贸往来不断。但随着干旱的加剧和"班图人迁徙"，区域经济和政治发生重组。如今，旱涝灾害、饥荒等与水有关的灾难，仍是非洲出现难民、发生政权变更的肇始因素。

根据麦卡恩的观点，一旦降雨和温度超过平均水平，就会给非洲的粮食生产和民生带来巨大影响，自 2000 年前的铁器时代以来都是如此。

降雨的时机、耕种模式和特定农业投入，是农村社会经济历史和当代发展至关重要却被忽视的方面。毕竟，季节性降雨模式触发了社会和经济的劳动过程，决定了资源的恢复（粮食、种子作物

---

① 联合国经济和社会事务部：《生命之水十年》，https://www. un. org/zh/waterforlifedecade/africa. shtml。

② WHO Library Cataloguing-in-Publication Data, *Progress on Sanitation and Drinking Water – 2015 update and MDG Assessment*. NLM Classification：WA 670.

和饲料等）和收获丰富与否。①

　　水的重要性深深地烙印在非洲各民族文化之中，是他们日常交流、传统社会运行的重要议题。在莱索托，雨量充沛，供水充足，当人们互相问候时，他们说："普拉！"（意思是：可能下雨!）② 在干旱的博茨瓦纳，该国的货币就是普拉（雨）。如何掌握天然水资源是传统非洲社会最重要的议题之一。降雨的精神力量总可以在分享中得以传递，通婚也加深了不同水资源知识的掌握，增加了分享的路径。③ 早期的非洲人还利用昼夜温差和鸵鸟蛋壳储水等多种方法储存有水，并积累和传承本土知识。这不仅确保了非洲人基本的日常用水，也使各种水生植物茁壮成长，成为早期非洲农耕社会的必要助力。④

　　非洲被殖民的历史，改变了非洲传统水资源的利用手段。传教士深谙"水"作为净化身心重要媒介的重要性，不仅在宗教仪轨中适时地加入基督教"洗礼"仪式，而且融合非洲的传统信仰，更好地融入当地社会。殖民时代人们最关注的是能否有充足的水供给。在探险家们前期殖民探险的基础上，殖民科学家将水资源作为定居和相关分配政策的重要考察因素。威尔逊是殖民时代前期著名的探险家，他认为非洲南部的"干涸"是近期发生的，通过植树等措施可以再让大陆"变绿"。⑤ 19 世纪 60 年代著名的殖民植物学家布朗深受他的影响，发表了几篇关

---

① James C. McCann, "Climate and Causation in African History," *International Journal of African Historical Studies*, Vol. 32, 1999, pp. 261 – 279.

② I. Berger, *South Africa in World History*. Oxford: Oxford University Press, 2009, p. 2.

③ P. G. Alcock, *Rainbows in the Mist: Indigenous Knowledge, Beliefs and Folklore in South Africa*, Pretoria: South African Weather Service, 2010, pp. 199 – 203.

④ A. Barnard, *Hunters and Herders of Southern Africa: A Comparative Ethnography of the Khoisan Peoples*, Cambridge: Cambridge University Press, 1992, pp. 43 – 44; B. E. Van Wyk and N. Gericke, *People's Plants: A Guide to the Useful Plants of Southern Africa*, Pretoria: Briza Publications, 2007, pp. 125 – 200.

⑤ R. H. Grove, *Green Imperialism: Colonial Expansion, Tropical Island Edens and the Origins of Environmentalism, 1600 – 1860*, Cambridge: Cambridge University Press, 1995, pp. 468 – 469.

于开普敦面临的水问题与该地区居民分布的文章。① 这些研究间接促使 17 世纪以来的南非历任殖民政府认识到，非洲各种族及其居住的地区可用水资源分布差异非常大，无法采用完全统一的政策，因此，需要"分而治之"。

"分而治之"更确切的说法，是殖民者通过不断获取权力来使非洲本土居民边缘化。② 为了让殖民者的定居地有更好的环境，殖民者一方面开始抢占自然条件较好的区域定居，驱赶原住居民，片面发展经济作物；另一方面，开始进行国家公园、森林保护地、梯田水坝的建设，促进殖民经济持续发展。殖民者通过宣传各种"科学发展"的观念，主导了一系列社会变革，通过掌控酋长的资源管控权，剥夺非洲当地居民的生产资料，迫使非洲人成为流动劳工，间接导致非洲人加入反对殖民主义的民族运动。③

殖民者修建的水坝、灌溉引水渠等水利设施的目的始终明确：满足白人农业和工业用水。这些设施是完全将非洲人的权益排除在外的。从普遍的情况看来，非洲人非但没有搭上"现代化"的顺风车，反而因为快速畸形的工业化、城市化，被迫转移到拥挤、污浊的环境中。一系列的环境生态变革也随之而来，比较典型的一个例子是，为了增加商业捕鱼量，殖民科学家把尼罗河的河鲈鱼引入维多利亚湖，导致当地的丽科鱼迅速消失，食物链遭到破坏。④ 河鲈鱼的饮食习惯发生改变，逐渐演化出新物种，而此间水草疯长，大湖的生态环境发生不可挽回的

---

① J. C. Brown, *Hydrology of South Africa*：*or Details of the Former Hydrographic Conditions of the Cape of Good Hope*，*and of Causes of its Present Aridity*，*with Suggestions of Appropriate Remedies for this Aridity*，London：Henry S. King and Co，1875，p. 87.

② 张瑾：《非洲水权的祛魅与旁落：19 世纪欧洲殖民扩张与非洲资源控制权的易手》，《历史教学》（高校版）2021 年第 12 期。

③ Johnson Thomas P. ，"Special Issue on the Politics of Conservation in Southern Africa，" *Journal of Southern African Studies*，Vol. 15，No. 2，1989；D. M. Anderson and R. Gove eds. ，*Conservation in Africa*：*People*，*Polices and Practice*，London：Cambridge University Press，1987.

④ National Geographic Society，"Impact of an Invasive Species，" https：//education. nationalgeographic. org/resource/impact-invasive-species.

变化。①

20 世纪 60 年代后，非洲相继建立民族独立国家，各国纷纷开始了掌控水资源和本国经济的努力。一开始，非洲国家以赎买、没收、宣布收归国有等形式对原有资源进行了重新分配，并通过提高农产品价格、改进供水设施、实行灌溉计划、植树造林等政策，提升国家对资源的管控水平。20 世纪六七十年代，非洲东南部地区耕地面积年均增长率达 19.9%，萨赫勒地区达 18.2%，增长率最低的非洲中部地区也有 9.1%，而同期世界耕地面积的增长率只有 6.1%。农田灌溉面积也有所增加，其中尼日尔增长了 8.5 倍，贝宁增长了 6 倍、马拉维增长了 4 倍。② 在一些水运条件较好的地区，如尼日尔河下游、扎伊尔河中游等地区，内部航运有了较大发展。

然而，非洲国家虽然在政治上取得了独立，经济发展的基础却非常薄弱，又一直未能彻底根除殖民地性质的"奴仆经济"体系，严重依赖自然资源发展，经济发展过程十分艰辛。20 世纪 70 年代开始，非洲国家经济发展出现了恶化、衰退和停滞的局面。非洲许多国家的国内生产总值出现了负增长，旱灾等自然灾害的不断侵袭让非洲多地区、多国家出现粮食危机和难民危机。流离失所的难民不仅给流入国带来沉重的经济负担和社会、安全问题，造成"收容疲劳"，而且不断影响当事国之间的关系，为世界局势平添动乱因素。

20 世纪 70 年代至 80 年代，非洲严重的自然灾害也使各种困难和矛盾爆发出来，非洲沦为世界发展最滞后的区域之一。根据非洲统一组织 1984 年的统计，非洲有 36 个国家在当年受到旱灾的严重影响，不少国家粮食减产 50%，27 个国家受到国际社会紧急救助，2 亿多人口面临饥饿威胁。到 1983 年底，饥饿和营养不良造成的疾病导致非洲约

---

① T. Goldschmidt, *Darwin's Dreampond*: *Drama in Lake Victoria*, Cambridge, Mass: MIT Press, 1998, p. 225；包茂红：《环境史学的起源与发展》，北京：北京大学出版社，2012 年，第 94 页。

② 陆庭恩：《非洲农业发展简史》，北京：中国财政经济出版社，2000 年，第 181～182 页。

1600 万人口死亡。非洲被联合国非洲经济委员会比喻为"国际经济中的病孩"。[①]

从 20 世纪 70 年代至 20 世纪末，整个非洲受自然灾害影响的四个因素分别是：干旱、洪水、饥饿和传染病，几乎每个因素都与水息息相关。而与之相关的非洲贫困人口比例，则由 47% 上升至 59%。[②]

20 世纪 80 年代后的非洲局势牵动着世界的神经，非洲经济被迫进入结构调整阶段。[③] 然而，尽管非洲参与了当前各类活动，这片大陆仍然像是一个"独特的世界"。随着全球化把相距遥远地区的命运越来越紧密地联结到一起，多年的衰退已将非洲经济削弱到了无足轻重的地位，非洲甚至丧失了过去作为重要商品和矿产生产者的地位。[④] 由是，非洲对于气候变化的抵御能力更加脆弱。1984 年，埃塞俄比亚干旱影响了 870 万人口，造成 100 万人死亡，成千上万人口饥馑，上万牲畜死亡。1991 年至 1992 年的南非大旱、2014 年至 2016 年的非洲南部地区大旱，都造成了粮食短缺。过去 40 多年降水量的持续降低和不合理的人类活动导致的土地退化，进一步迫使农牧民迁徙，演变成达尔富尔问题等影响非洲稳定的重大危机。

此时，恰逢治理理论[⑤]（governance theory）兴起之际。治理理论将市场、社会组织等多元主体的作用予以凸显，包括地方（local）、社会（society）、次国家（sub-national）、国家（national）、次区域（sub-re-

---

① 陆庭恩、艾周昌编著：《非洲史教程》，上海：华东大学出版社，1990 年，第 5 页。

② United Nations Economic Commission for Africa, *Africa Review Report on Drought and Desertification* (R), 2008, p. 8.

③ 关于结构调整的论述，参见舒运国《失败的改革——20 世纪末撒哈拉以南非洲国家结构调整评述》，长春：吉林人民出版社，2004 年。

④ 埃里克·吉尔伯特、乔纳森·T. 雷诺兹：《非洲史》，黄磷译，海口：海南出版社，2007 年，第 403 页。

⑤ 关于治理理论的综述性研究，参见王刚、宋锴业《治理理论的本质及其实现逻辑》，《求实》2017 年第 3 期；杨光斌《关于国家治理能力的一般理论——探索世界政治（比较政治）研究的新范式》，《教学与研究》2017 年第 1 期；田凯、黄金《国外治理理论研究：进程与争鸣》，《政治学研究》2015 年第 6 期；郑杭生、邵占鹏《治理理论的适用性、本土化与国际化》，《社会学评论》2015 年第 2 期。

gional）、全球（global）等诸多层次，显示出水治理的不同特质，甚至变成可以映射任何事物的"流行词语"。① 非洲是否可以通过水资源治理来解决困境？满足非洲人民基本需求的水资源与非洲需要进行经济发展同水系统生态可持续的目标，似乎仍然有数不清的冲突。如何进行可持续用水，如何设计适当的水资源政策以促进水资源治理，已成为非洲水资源理论和实践的关键点。

三　当代非洲的水治理选择

（一）水治理的定义

对治理的一般定义仍存在争议，不同愿景的人倾向于不同的界定方式，② 网络理论③、交互式治理④等理论层出不穷。新自由主义者将市场不足和政府过度存在界定为坏治理，认为治理的目的是消除阻碍市场经济运作的因素，应尽量减少政府作用的制约因素。其他人则从民主赤字、透明度，问责制和子公司等方面对治理进行界定。其中，最常被引用的治理定义之一是："在一个国家的事务管理中行使政治、经济和行政权力。治理包括复杂机制、过程和制度。通过治理，公民和团体可以明确各自利益，调解分歧，行使其合法权利和义务。"⑤

水治理（water governance）是在治理理论视域下，对水问题及其解决之道的具体所指，即对水的合理使用和管理产生的政治、社会、经济

---

① B. Jessop，"The Rise of Governance and the Risks of Failure：the Case of Economic Development，" *The International Social Science Journal*，Vol. 50，No. 155，1998，pp. 29 – 45.

② Corneliu Bjola and Arguing Markus Kornprobst，*Global Governance：Agency，Lifeworld and Shared Reasoning*，New York：Routledge，2010，p. 63.

③ Kickert WJM，Klijn E-H and Koppenjan JFM，ed.，*Managing Complex Networks：Strategies for the Public Sector*，London：Sage，1997，p. 266.

④ Edelenbos J.，"Institutional Implications of Interactive Governance：Insights from Dutch Practice，" *Governance* Vol. 18，No. 1，2005，pp. 111 – 134.

⑤ UNDP，*Governance for Sustainable Human Development*，New York：UNDP，1997.

和行政影响。水治理的研究领域，在很大程度上集合了与水有关的经济学①、社会学②、工程学③、法学④和生物化学⑤等学科内容。在政策背景下，水治理研究一直侧重于确定概念和实施框架⑥以及揭示水问题的政治和生态影响⑦等方面。水治理也与人口增长、环境冲突和生计可持续性等关键社会问题有关，⑧ 学者普遍认为，非洲水资源短缺和其他地区一样，也是人为和自然原因共同造成的结果，是全球紧迫的问题之一。

对水治理的界定和推广主要来自国际组织。以联合国经济发展委员会为主的国际组织发现，水在可持续发展中起关键作用，涉及未来发展和减贫问题。在过去几十年中，越来越多的珍贵水资源使用和滥用造成了水资源短缺、水质退化和水生态系统遭到破坏，严重影响了经济和社会发展前景、政治稳定和生态系统完整性。⑨ 联合国开发计划署进一步认为，水危机主要是人类造成的结果，其原因不仅包含净水和水供应

① W. Kusena and H. Beckedahl, "An Overview of the City of Gweru, Zimbabwe's Water Supply Chain Capacity: Towards a Demand-oriented Approach in Domestic Water Service Delivery," *Geojournal*, Vol. 81, No. 2, 2016, pp. 231 – 242.

② C. Leauthaud, S. Duvail and Hamerlynck, etc., "Floods and livelihoods: The Impact of Changing Water Resources on Wetland Agroecological Production Systems in the Tana River Delta, Kenya," *Global Environmental Change*, Vol. 23, No. 1, 2013, pp. 252 – 263.

③ A. F. Abukila, R. M. El-Kholy and M. I. Kandil, "Assessment of Water Resources Management and Quality of el Salam Canal, Egypt," *International Journal of Environmental Engineering*, Vol. 4, No. 1, 2012, pp. 34 – 54.

④ A. A. Adedeji and R. T. Ako, "Towards Achieving the United Nations' Millennium Development Goals: The Imperative of Reforming Water Pollution Control and Waste Management Laws in Nigeria," *Desalination*, Vol. 248, No. 3, 2009, pp. 642 – 649.

⑤ D. W. Juma, H. Wang and F. Li, "Impacts of Population Growth and Economic Development on Water Quality of a Lake: Case Study of Lake Victoria Kenya Water," *Environmental Science and Pollution Research*, Vol. 21, No. 8, 2014, pp. 5737 – 5746.

⑥ Richard Meissner, "Coming to the Party of Their Own Volition: Interest Groups, the Lesotho Highlands Water Project Phase 1 and Change in the Water Sector," *Water SA*, Vol. 42, No. 2, 2016, pp. 261 – 269.

⑦ G. Atampugre, D. N. Y. M. Botchway, K. Esia-Donkoh and S. Kendie, "Ecological Modernization and Water Resource Management: A Critique of Institutional Transitions in Ghana," *Geojournal*, Vol. 81, No. 3, 2016, pp. 367 – 378.

⑧ B. Derman and A. Hellum, "Livelihood Rights Perspective on Water Reform: Reflections on Rural Zimbabwe," *Land Use Policy*, Vol. 24, No. 4, 2007, pp. 664 – 673.

⑨ UNDP, *Human Development Report*, Oxford University Press, New York, 2007.

的限制，以及缺乏资金和适当的技术，而且包含水治理方面的重大失败。①经合组织认为，对于遍布全球的水危机，并没有一种适用于所有问题的解决方案，但水治理可以推进有关水的公共政策的设计和实施，促使政府、民间社会和企业承担共同责任，以获得良好的经济、社会和环境效益。②

不同组织对水的重要性做了各自领域的解释。世界卫生组织认为，超过 20 亿人缺乏必要的卫生用水，提升卫生用水有重大意义。经合组织更关注费用问题，认为水行业是一个资本密集型的垄断行业，而人们对有限的可获取淡水资源的需求量将在 2050 年增长 55%，与此同时，相应的设施已经老化，这就需要在 2030 年前筹集约 67 亿美元的维护费用。③ 经合组织将通过适应和改变环境的政策，弥补政策、目标、负责制、行政力、能力、信息、资金的差距。水、环境卫生和个人卫生（WASH）的相关研究者认为，要实现与水有关的千年发展目标，就需要大力增加水、卫生和健康部门的财政支持，而不一定是外部援助的形式，因为难以证明大量投资能在改善服务等方面产生积极成果。

综上，全球水资源伙伴（GWP）将水治理定义为"在社会不同层面开发和管理水资源以及提供水服务的一系列政治、社会、经济和行政系统"。④

（二）非洲水治理的路径探索和选择

正如水治理的定义各异，非洲水治理的路径也由于组织者和参与者的不同而存在较大差异，主要表现为治理主体以项目作为抓手，结合社会各个层面的需求，进行统筹和发展。

---

① UNDP, *Human Development Report*, Oxford University Press, New York, 2007.
② "OECD-Principles-on-Water-Governance-Brochure," https://www.oecd.org/cfe/regional-policy/OECD-Principles-on-Water-Governance-brochure.pdf.
③ OECD, http://www.oecd.org/water/2012a, 2015.
④ P. Rogers and A. Hall, *Effective Water Governance. TEC Background Papers No.7*, Stockholm: Global Water Partnership, 2003, p.529.

1. 非洲国家层面的水治理

非洲亟待发展的行业，大多是依赖水资源的相关行业：社会服务行业、农业、渔业、酒店业、制造业、建筑业、自然资源开采行业（包括采矿业）和能源生产行业（包括石油和天然气），这些行业要么依赖水资源要素发展，要么就是与水资源的相关性极高。水资源的可获得性和可靠性产生的联动效应，甚至会影响短期就业，继而对持续的水资源供应造成负面影响。同时，近年来频繁的气候波动、旱涝频仍等，对主要农业生产部门产生了直接而重大的影响，也必然影响非洲大多数国家的经济发展。

非洲各国都采取了一系列治理行动，但经费始终是个难题。从投入和产出的比例来看，建设水利基础设施显然无法与发展矿产等能源行业相媲美。但基础设施迟迟得不到改善，必然会减慢国民经济发展的步伐。以加纳为例，2011 年，加纳首次生产石油时，经济同比增长 14%，但到 2015 年加纳经济增长率只有 3.9%。[①] 尽管其中值得深究的原因很多，但基础设施，尤其是基本的水和能源基础设施无法满足国家经济快速增长的需要，成了未来发展的重要掣肘。加纳主要依靠伏尔塔河的阿克苏博水电站供电。近年来，由于降雨减少，河流自然流量受限，水电站仅能在半数时间正常运作，且需要 24 小时关闭一次，无力满足经济发展所需的电力和生活需要。[②] 2021 年 10 月，根据加纳国家发展计划委员会专家的意见，由于生活污水和非法采金问题一直未能妥善处理，加纳平均每人每年可获取 1700 吨的水资源，但平均每人拥有的水量由 2013 年的 1916 吨下降至 2020 年的 1900 吨，且下降趋势仍然明显。[③] 2022 年 9 月 1 日，加纳宣布上调水费和电费以应对宏观经济指标恶化

---

① 参见世界银行公布的 GDP 增长率（年百分比）数据，https://date. world bamk. org. cn/indicator/NY. GDP. MKTP. KD. ZG? locations = GH.
② *The United Nations World Water Development Report* 2016：*Water and Jobs*，Paris：UNESCO，2016.
③ 中华人民共和国驻加纳共和国大使馆经济商务处：《加纳面临缺水风险》，http://gh. mofcom. gov. cn/article/jmxw/202110/20211003212583. shtml。

带来的经济衰退。①

在水资源、环境卫生和个人卫生项目的资金上，非洲国家普遍面临巨大缺口。尽管多方努力，撒哈拉以南非洲地区水环境卫生水平达标的区域只占30%，即自1990年来仅增长了4%。②加之持续增长的人口数量，尤其是贫穷国家或者城市贫民区的人口增长更加迅速，非洲水资源退化速度正在加快。2022年3月22日，联合国儿童基金会和世卫组织联合在塞内加尔达喀尔举行了"世界水论坛"，再次呼吁非洲大陆采取紧急行动，因为缺水和卫生设施薄弱会威胁世界和平与发展。

世卫组织和联合国儿童基金会联合促进监测环境卫生和个人卫生计划（JMP）2022年的报告显示，2000~2020年，非洲人口从8亿人增加到13亿人，其中，约5.0亿人获得了基本饮用水，2.9亿人获得了基本卫生服务，仍有4.18亿人缺乏基本的饮用水服务，8.39亿人缺乏基本的卫生服务（其中的2.08亿人完全没有条件使用厕所）。③这份报告同时认为，要在非洲实现可持续发展目标，需要将安全饮用水项目的进展速度提高12倍，水卫生设施建设的进展速度提高20倍，基本卫生服务项目的进展速度提高42倍。④

近年来，随着气候议题成为非洲各国关注的热点，如何寻找和利用可再生能源，是否与水资源需求形成矛盾，各国如何找到可持续发展之路，成为各国关注的重中之重。2021年11月，非洲开发银行董事会审议通过了《2021—2025年水资源发展战略》，旨在保护非洲水资源安

---

① 中华人民共和国驻加纳共和国大使馆经济商务处：《加纳宣布自9月1日起上调电费和水费》，http://gh. mofcom. gov. cn/article/jmxw/202208/20220803341090. shtml。

② WHO Library Cataloguing-in-Publication Data, *Progress on Sanitation and Drinking Water—2015 Update and MDG Assessment*, NLM Classification: WA 670.

③ UNICEF, "Africa to Drastically Accelerate Progress on Water, Sanitation and Hygiene," https://www. unicef. org/senegal/en/press-releases/africa-drastically-accelerate-progress-water-sanitation-and-hygiene-report.

④ UNICEF, "Africa to Drastically Accelerate Progress on Water, Sanitation and Hygiene," https://www. unicef. org/senegal/en/press-releases/africa-drastically-accelerate-progress-water-sanitation-and-hygiene-report.

全，进而推动经济社会可持续、绿色、包容性增长。2022 年 9 月 27 日，第十八届非洲部长级环境会议在塞内加尔召开，各方通过了一系列旨在应对气候变化、自然灾害及环境污染的决议，希望能加强多方协调，共创美好未来。

2. 国际组织推动的水治理

非洲水资源的分散性、跨国性、气候年际变化明显，非洲国家自身没有能力应对所有危机，国际组织在非洲水资源治理中的协调和管理作用也值得关注。

2007 年，联合国推出《水机制十年能力发展方案》，针对世界各国不同的水能力发展做了清晰的界定，将关于非洲区域水资源的研讨会放在非洲本地开展，包括：新闻工作者培训（2009 年，埃及开罗）、针对农业用水效率而开发的水作物软件的应用培训（2009 年 7 月，非洲布基纳法索瓦加杜吉；2010 年 3 月，南非布隆方丹）、中东和北非区域政策制定者的培训（2009 年 10 月至 12 月的三个研讨会）、为水资源管理者开办的区域性应用水损失减少研讨会（2010 年 1 月，摩洛哥拉巴特）及第一届 G – WADI 网络研讨会（2010 年 4 月，塞内加尔达喀尔）。2011 年 3 月，开普敦针对非洲水资源减少举办活动。2012 年摩洛哥和南非就"农业废水的安全使用"举办了区域性研讨会。

2010 年，联合国在"千年发展目标"中专门制定目标，将提升安全用水的人口比例作为基本人权的实现手段。

从非洲具体的实施效果来看，非洲的水治理水平有所提升。2015年，城市 80% 以上区域的改善水从 1990 年的 26% 上升到 2010 年的38%，农村 80% 以上区域的改善水从 1990 年的 5% 上升到 2010 年的10%。已获取改良饮用水源的人数增加了 20%，共 4.27 亿人在"千年发展目标"期间获得了改良饮用水源。[①]

---

① GIZ, Access to Water and Sanitation in Sub -Saharan Africa , 2018, https://www. oecd. org /water/GIZ – 2018 – Access-Study-Part% 20 I – Synthesis-Report. pdf.

（三）水和公共事务挂钩：WASH 项目

非洲全年气温高，是世界上平均气温最高的大洲，加之非洲原生态的自然环境，暑热、昆虫和污泥往往成为疾病的温床，疫情往往一发而不可收拾，而这些大多与水有关。尤其是撒哈拉以南非洲地区，其疟疾病例数占全球病例数的 86%。① 仅以西非国家加蓬为例，加蓬全年均有疟疾传播，疟疾的年均发病率为 17.5%，发病率月间有所差异，临床表现多样化。② 非洲民族国家独立之后，开始逐渐建立初级医疗卫生保健网络。然而，由于新成立的非洲国家大多积贫积弱，对于因水而起的灾难常常难以抵御。非洲的传染病往往随雨季到来在沿河两岸地区暴发与传播，又随雨季的结束而消失。1987 年，塞内加尔河下游暴发一场历时一个月的流行性传染病，除骆驼幸免于难之外，其他人和动物皆因为发高烧等症状而很快死去，死亡人数有 300 多人。③

随着当代非洲水治理的持续开展，非洲水治理的紧迫性得到越来越多的重视。研究发现，使用改善卫生设施的人口比例较低，限制了非洲城乡水治理的进程。非洲使用改善水源的人口比例提高较慢，20 年仅增长了 5 个百分点。非洲城乡卫生设施的获取不均且发展有别，但普遍很低。城市卫生设施覆盖率从 1990 年的 57% 下降至 2010 年的 54%（或可归因于城市人口中快速增长的贫民窟居民比例很高），而农村卫生设施覆盖率从 1990 年的 25% 提升到 2010 年的 31%。④ 2015 年，联合国在"水机制十年计划"总结中，再次呼吁普及饮用水、环境卫生设施和个人卫生习惯，重视各类人群，如富人和穷人、农村和城市居民、

---

① 何章飞、沈利：《非洲疟疾流行概况及对我国消除疟疾的影响》，《热带病与寄生虫学》2014 年第 12 期。

② 白嘉祥、谭学仁：《非洲疟疾诊治分析》，《中国热带医学》2008 年第 7 期。

③ 这些病患都是高烧不退导致的死亡，因此被当时一名进行治疗的法国医生命名为"热病"，并沿用至今。

④ GIZ, Access to Water and Sanitation in Sub -Saharan Africa , 2018, https://www.oecd.org /water/GIZ – 2018 – Access-Study-Part％20 Ⅰ – Synthesis-Report. pdf.

弱势人群与普通人群之间在获取水资源方面的不平等问题，以采取有针对性的干预措施。

在不断的实践中，国际卫生组织发现，水一直在人们的生产生活中发挥关键作用，应作为优先事项，而不是将卫生推广列在首位。对水质和水量的投资，可以将腹泻造成的死亡减少 17%，并减少 36% 的水处理费用和 33% 的卫生费用。[①]

基于对水的重要性的认识，一系列国际治水项目纷纷出现，WASH 是其中重要的代表。WASH 最早出现在 1981 年美国国际开发署发布的报告中，[②] 1988 年美国用 "水、环境和卫生" 的首字母缩写涵盖此项目的内涵。[③] 当时，字母 "H" 代表环境卫生和个人卫生（health），而不是 "卫生"（hygiene）。同样，赞比亚 1987 年的一份报告使用了 "WASHE" 一词，代表 "水卫生健康教育"。[④] 2001 年开始，在供水和卫生宣传领域活跃的国际组织，例如荷兰的供水和卫生合作理事会及国际水和卫生中心（IRC）开始使用 "WASH" 作为总括术语，特指水、环境卫生和个人卫生。[⑤] WASH 自此以后被广泛地用作国际发展背景下的水、环境卫生和个人卫生的缩写。[⑥] 尽管 "WatSan" 一词也使用了一段时间（特别是在应急反应部门），如红十字会与红新月会国际联合会和难民专员办事处，[⑦] 但最终由更受欢迎的 "WASH" 作为代表。由于水与卫生的密切相关性，一些国际发展机构已将 WASH 确定为具有改善健康、

---

① "Water, Sanitation and Hygiene for all," The WASH Campaign, http://www. wsscc. org.

② Isely R. B. , "Facilitation of Community Organization: An Approach to Water and Sanitation Programs in Developing Countries," 1981.

③ USAID, "WASH Technical Report No. 37: Guidelines for Institutional Assessment Water and Wastewater Institutions," 1988.

④ Harnmeijer J. and Sifuniso L. , "Participatory Health Education: Ready for Use Materials," *WASHE Programme*, 1987.

⑤ D. de Jong, "Advocacy for Water, Environmental Sanitation and Hygiene," *Thematic Overview Paper*, 2003.

⑥ UNICEF, *Sanitation and Hygiene Promotion: Programming Guidance*, 2005.

⑦ UNHCR Division of Operational Services, *A Guidance for UNHCR Field Operations on Water and Sanitation Services*, Geneva, Switzerland, 2008.

预期寿命、学生学习、性别平等和其他国际发展议题的重大潜力的领域。

　　WASH 所代表的"水和卫生"等几个相互关联的公共卫生问题，是国际发展计划特别感兴趣的问题。能否承担 WASH 的相关经费支出是一个关键的公共卫生问题，特别是对非洲地区的发展中国家而言。研究发现，缺乏安全水资源和必要的卫生设施，已导致每年大约 70 万儿童死亡，而其主要原因是腹泻。① 更为严重的是，缺乏必要的 WASH 设施可能会造成慢性腹泻，对儿童发展（身体和认知）产生负面影响，影响儿童受教育的质量，也增加了主要从事家务劳动的妇女的负担，降低了她们的生产力。因此，WASH 不仅是可持续发展的重要目标之一，② 也被囊括在"联合国千年发展目标"第七条的改善目标中："到 2015 年将无法可持续获得安全饮用水和基本卫生设施的人口比例减半。"③ 可持续发展目标第六条进一步明确"确保所有人的水和卫生设施的可用性和可持续管理"，即通过保障安全用水、附之以适当的卫生设施和适当的卫生教育，可以减少疾病和死亡，推动减贫和社会经济发展。

四　非洲水治理的特点

（一）非洲水治理的复杂系统性

　　全球环境变化，包括气候变化、大规模污染、荒漠化、土地破碎化、生物地球化学循环改变和入侵物种的增长，都让人类反思与自然资源的相互作用和影响。多层次、多角度看待非洲水治理也基于同样的前提：在自然环境的影响因素之外，强调参与者、规模、权力、知识的多

---

① "Water, Sanitation & Hygiene: Strategy Overview," Bill & Melinda Gates Foundation.

② UNDP, "#Envision 2030 Goal 6: Clean Water and Sanitation," https://www.un.org/development/desa/disabilities/envision2030 – goal6. html.

③ "Goal 7: Ensure Environmental Sustainability," United Nations Millennium Development Goals, 2005.

样性。这些路径既受到"硬"（制度化）治理机制的影响，也受到"软"（非制度化）治理机制的影响，如规范和原则，并最终形成复杂的耦合因素。

虽然非洲水治理的因素复杂，但在许多情况下，科学是一个多层次的过程，为决策和政策制定提供信息。尤其是非洲本土的科学家，他们对于政策制定者的影响力非常微弱。也就是说，科学与历史的影响力，也需要将之加入非洲水治理的长期路径中予以深入研究。水治理的治理 - 社会 - 科学模型如图 1 所示。

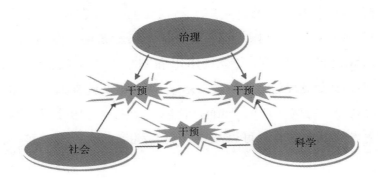

图 1　水治理的治理 - 社会 - 科学模型

资料来源：A. R. Turton and J. Hattingh，"The Trialogue Revisited：Quo Vadis governance?"In A. R. Turton，H. J. Hattingh，G. A. Maree，D. J. Roux，M. Claassen and W. F. Strydom eds.，*Governance as a Trialogue*：*Government-Society-Science in Transition*，Berlin：Springer，2007.

（二）多领域、多参与者竞合不定

水资源发展非常关键，但由于非洲大陆普遍的贫困、粮食不安全及不发达状况，几乎所有国家都缺乏相应的人力、经济和制度能力来进行有效、可持续的开发以管理水资源和进行水治理。因此，单独依靠非洲政府进行水治理是不可能的。合作进行水资源治理，是非洲各国的最佳选择。

由于水资源的广泛性和联动性，水资源治理的对象包括政府和私营部门、水管理者、用户和实施跨界水管理战略的民间社会。与此同时，非洲水治理往往与卫生和健康防疫、人权（尤其是妇女权益）等都有密切相关性。因此，与不同领域的不同参与者协调合作是非洲政府需要面对的难题，可能受到国际政治的制衡。同时，为了公共资金的配比，不同的公私部门也会进行水权的分享或争夺，这种不稳定的竞合关系对整个非洲社会的发展进程影响巨大。

在如今高度信息化的世界中，非洲水治理的多个参与者不仅信息、技术、数据和专业性不对称，而且往往有不同的价值偏向和政策选择，这些又为非洲的水治理带来了更多的不确定性。长远来看，非洲水治理究竟受谁主导，也是非洲自立的指标，需要非洲各国加以理性对待。

（三）非洲水文化对水规范的影响

规范支撑着各级水资源利用关系的性质和范围，是治理实践的重要方面，起着重要的构建作用。[①] "规范的存在、新规范的构建以及旧规范的发展/修订会影响我们……对社会现实的解释，从而决定我们的行为方式。"[②] 对非洲本土社会而言，非洲水文化在社会规范上有着重要作用，值得关注。

非洲的传统生计都是以土地和水作为基础的，水信仰、水仪式、水活动等，都是联结非洲群体的重要文化形态。这些文化往往还伴随着较明确的宗教仪轨和维护规则。在长期的历史进程中，这些不仅形成了非洲人的生活规范，还凝聚了非洲的精神。在未来的发展中，如何考虑非洲长期的社会发展，结合当下非洲的本土知识，增强非洲水治理能力，推进与其他多行业的融合发展，是非洲各国真正走向"可持续发展"必须要思考的主题。

---

① A. R. Turton and J. Hattingh, "The Trialogue Revisited: Quo Vadis governance?" In A. R. Turton, H. J. Hattingh, G. A. Maree, D. J. Roux, M. Claassen and W. F. Strydom eds., *Governance as a Trialogue: Government-Society-Science in Transition*, Berlin: Springer, 2007.

② I. M. Jacobs, "Norms and Transboundary Co-operation in Africa: The Cases of the Orange-Senqu and Nile Rivers," Ph. D. Dissertation, University of St. Andrews, St. Andrews, Scotland, 2010.

（四） 中国作为新兴参与者的角色值得期待

2015 年 3 月 3 日，作为南南合作的典范，联合国环境规划署－中国－非洲"水行动"合作项目报告于第 15 届非洲环境部长会议期间发布。作为三方合作的项目，这些项目在流域管理、雨水蓄积、饮用水处理、污水处理、干旱农业和防治沙漠化方面都取得了丰硕成果。尤其是在非洲的未来能力建设上，"水行动"的合作模式有了较好总结。据此项目报告，约 1000 名非洲技术人员、管理人员和农民从培训班、研讨班、实地考察和奖学金项目中获益。[①] 但中国做的具体工作远不止于此：至 2022 年，凯凯水电站、库内内省抗旱工程、卡宾达供水项目等中方援建的非洲水利项目，不断展现着中非友好合作的图景，不断推进双方共同惠及民生的努力落地，尤其是工程项目中给当地开凿水井，并进行简单的水处理装备配置，已经成了中国公司的日常行动。从机制建设到项目维护，再到共建"一带一路"国家明确非洲的地位，中国为非洲提供了除自身与西方援助者之外的"第三条道路"。

非洲水资源的变迁历程，折射了非洲对自身资源的控制权随着时代而旁落，又与全球化治理浪潮密切相关，是非洲整体历史命运的客观写照。应对气候变化，面向可持续发展的未来，非洲水治理需要走出符合非洲历史、经济和社会发展的道路。正如沃尔芬森所言："人们只是想要一个机会，他们不希望脱离自己的解决方案，希望有机会从内部产生解决之道，不想要我的文化或者你的文化，而是一个从过去遗产中得来，却足以丰富他们的未来的文化。"[②] 当然，尽管非洲国家整体能力的增强是独立进行非洲水治理的前提，但科学和审时度势地利用本土知识和外部力量，也许是当下非洲水治理的最好选择。

---

① 联合国环境规划署，《环境署－中国－非洲"水行动"项目报告发布》，http://www. tan-paifang. com/zhengcefagui/2015/030542827. html.

② 世界银行前行长，于 1997 年 9 月 23 日在中国香港举行的国际货币基金组织年度会议上的发言。

河湖环境治理的实践、成效与路径优化

——水利部发展研究中心主任陈茂山访谈录

陈茂山　陈　涛*

【导语】为应对江河湖泊环境污染难题，从中央到地方、从政府到民间开展了大量治理探索实践。河湖长制等地方治理创新实践因其有效性被制度化为国家河湖治理的重要方略。受访者水利部发展研究中心陈茂山主任认为，全面推行河湖长制在建立河湖管护责任体系、河湖管护制度、改善河湖环境以及吸纳社会参与等方面取得了显著成效，推动形成了政府主导、公众参与、共治共享的河湖治理格局。各地创新实践民间河长模式、河权承包模式、生态绿币模式、民间督察长/监督员模式、志愿者模式等形式多样的公众参与河湖治理模式，实现"政府管护"与"全民参与"协同推进。陈茂山主任认为，进一步完善河湖治理需要因地制宜探索多元化管护模式、完善河湖管护资金投入机制并建立健全日常管护制度。在推动幸福河湖建设方面，做好顶层谋划、建立标准规范、强化技

---

* 受访者：陈茂山，水利部发展研究中心主任，正高级工程师，研究方向为水利发展战略、政策法规、水利管理。访谈者：陈涛，河海大学公共管理学院教授、博士生导师，主要研究方向为环境社会学。因时间等方面的原因，本访谈最终是以书面访谈的形式展开。

术指导以及依托河湖长制完善监管机制至关重要。而贯彻落实国家"江河战略"，需注意统筹水灾害防治、水资源节约、水生态保护修复、水环境治理等各项工作。优化河湖治理，在重视本土经验总结的同时，亦需关注国外河湖治理在法规建设、协同治理等方面有借鉴意义的经验做法。

问：水污染是现代社会的一项突出难题。为解决这一问题，从中央到地方探索了大量的治水实践。河湖长制就是其中的一项重要治理实践与制度创新。从 2016 年我国全面推行河湖长制以来，至今已有 6 个年头。作为中国水环境治理的重要创新，河湖长制实施后取得了哪些显著成效？

答：全面推行河湖长制，是从生态文明建设和经济社会发展全局出发做出的重大决策。全面推行河湖长制以来，在党中央、国务院的坚强领导下，各地各部门多措并举、协同推进、狠抓落实，解决了一大批河湖突出问题，河湖面貌发生了历史性改观，人民群众的获得感、幸福感、安全感显著增强。

全面推行河湖长制，主要取得以下显著成效。

一是河湖管护责任体系全面建立。全国 31 个省（自治区、直辖市）全面建立了以党政领导负责制为核心的河湖保护管理责任体系，明确省、市、县、乡四级河湖长 30 多万名，各地设立了 90 多万名村级河湖长（含巡河员、护河员），年均巡查河湖 700 万人次。省、市、县三级均成立河长制办公室，负责河长制组织实施具体工作，落实各级河长确定的事项。一些地方创新方式，包括聘请第三方管护公司、设立河湖保洁公益性岗位等，明确了管护责任，有效解决了河湖管护的"最后一公里"问题。

二是河湖管护制度逐步完善。建立全面推行河湖长制工作部际联席会议制度，国务院分管负责同志担任召集人，18 个成员单位协作配合。长江、黄河、淮河、海河、珠江、松辽、太湖 7 个流域建立了流域管理机构牵头的省级河湖长联席会议机制。11 个省份出台了河湖长制地方性法规，省、市、县按照《关于全面推行河长制的意见》（以下简称《意见》）精神和水利部有关要求，建立了河长会议制度、信息共享制度、工作督察制度等 6 项制度。一些地方结合实际出台了河长巡河、河长述职、考核问责与激励等配套制度，形成了党政负责、水利牵头、部门联动、社会参与的工作格局。

三是河湖面貌持续向好。水利部组织开展河湖"清四乱"专项工作，各级河湖长牵头，持续清理整治河湖水域岸线"四乱"突出问题。工作开展以来，坚决清存量、遏增量，历史遗留河湖问题大规模减少，重大问题基本实现零新增。水利部实施水系连通及水美乡村试点县建设，改善河湖连通性，持续开展生态补水和生态修复，深入推进华北地区地下水超采治理，有效缓解地下水超采局面。各级河湖长牵头开展河湖综合治理，强化水资源刚性约束，严格涉河建设项目和活动管理，全面开展水污染综合治理。根据监测统计，2021 年全国地表水 Ⅰ ~ Ⅲ 类水水质断面比例达到 85.0%。

四是社会群众广泛参与。水利部联合全国总工会、全国妇联开展寻找最美河湖卫士、寻找最美家乡河等宣传活动和微视频公益大赛。各地坚持广泛发动、开门治水，推进河湖长制进企业、进校园、进社区、进农村。各类民间河长和志愿者组织积极协助开展工作，涌现出一大批"乡贤河长""党员河长""记者河长""企业家河长"，"河小青""河小禹"等志愿者成为活跃于河湖治理一线的亮丽风景。全面推行河湖长制以来，各地积极探索，公众参与河湖治理制度不断完善，形成了政府主导、公众参与、共治共享的河湖治理格局，全社会关爱河湖、珍惜河湖、保护河湖的氛围日益浓厚。

问：实施河湖长制必须依赖社会力量，推进河湖治理的社会化。我国河湖治理之所以能够取得显著成效，其实依赖于多元协同共治的河湖治理机制。事实上，随着河湖治理管护长效不足问题的显现，注重吸纳民间力量，已经成为很多地方推行河湖长制过程中的共识和通行做法。请问目前社会参与河湖治理的途径和方式有哪些？社会力量的参与类型有哪些？主要发挥了怎样的作用？

答：《关于全面推行河长制的意见》明确：要拓宽公众参与渠道，营造全社会共同关心和保护河湖的良好氛围；聘请社会监督员对河湖管理保护效果进行监督和评价；进一步做好宣传舆论引导，提高全社会对河湖保护工作的责任意识和参与意识。

全面推行河湖长制工作中，各地通过开展"美丽河湖评选""河湖长制微讲堂""河湖问题大家找""最美河湖卫士评选"等活动，推动民间河湖长、志愿者、社会监督员、巡河员、护河员、第三方保洁公司和社会公众参与河湖保护治理，形成从"一元治理"到"多元共治"的局面。

公众参与河湖保护治理的形式多样，主要有以下模式。

一是民间河长模式。民间河长来自各行各业，称谓有"企业河长""乡贤河长""巾帼河长""养殖户河长"等，主要参与河道巡查、河道清洁、问题报告等工作。根据实际工作需要，一些地方逐步建立完善民间河长参与河湖保护治理的相关制度。如江苏省常州市出台《关于在全市建立"民间河长"体系的实施意见》，规定市、区、镇各级分级招募和管理"民间河长"，要求登记造册、统一管理、有序调度。湖北省武汉市出台《武汉"民间河湖长"管理办法》，面向社会公开征集，每个重点水体设置 1~2 名志愿者担任民间河湖长。

二是河权承包模式。一些地方探索将中小河流河道的所有权、管理权和经营权分离，河道经营权承包给个人，由个人负责资金筹措及河道治理、经营与管护。江西宜黄推行市场竞争机制，将河道分段，以竞拍方式承包到户，颁发《河道经营权证》，引入承包人，加强对河道卫生、水生态环境和渔业资源等方面的保护。浙江丽水探索河权改革，"以河养河"，让面广量大的乡村河道"有人管、管得起、管得好"。

三是生态绿币模式。浙江通过设立生态绿币的模式，鼓励和引导公众参与治水，目前注册人员已达 120 万人。德清县通过建立微信公众号

"公众护水平台"，引导群众按照信息提示完成"去巡河""来找碴"等任务，获取生态绿币，进而兑换奖品或申请银行贷款优惠。德清县同时启动"生态绿币机制"示范点建设，结合垃圾分类、"五水共治"、美丽家园建设等多项工作，对村镇居民绿色行为进行具体量化并奖励生态绿币。

四是民间督察长/监督员模式。为充分发挥公众监督作用，陕西省凤皋县构建"河长＋警长＋督察长"体系，聘请民间督察长，对河湖进行日常巡视，对发现的各类问题进行监督，同时对河长履职情况进行监督。湖南省洪江市聘请乡村振兴驻村工作队第一书记为河湖"监督员"，并制定《洪江市河湖监督员制度》，推动河湖管理保护和日常监督工作。

五是志愿者模式。各地推进河湖长制进企业、进校园、进社区、进农村。据不完全统计，各地有河湖保护志愿者近 700 万名，广东注册护河志愿者 65 万名，广西发展"巾帼志愿者"近 15 万名。

各地通过招募民间河长、社会监督员，发展公益志愿服务组织，引导全民关注、支持、参与和监督河湖管护及河湖长制工作，当好护水管水的践行者、推动者、宣传者和监督者，不仅搭建了一条政府与群众良性沟通的桥梁，也为水环境治理营造了全民共治共管的良好氛围，推动河湖长制工作向纵深发展，实现"政府管护"和"全民参与"协同推进。

问：随着治水工作的深入推进，各地将河湖管护延伸到了"最后一公里"。在很大程度上，打通河湖管护"最后一公里"，已经逐渐成为各地完善河湖长制的重要方向。近年来，各地在完善基层河湖巡查管护体系、解决河湖治理末梢问题方面持续发力。请问具体有哪些探索与实践？您对此又有哪些改善和推进的建议？

答：各地结合实际，积极探索，在设立河湖管护公益性岗位、推动村级河湖管护体系建设、完善基层河湖管护制度、加强基层河湖管护队伍建设等方面不断创新。如福建省创新设立河道专管员，并写入《福建省河长制规定》；截至 2021 年底，福建全省共设河道专管员 12987 名。江西省靖安县以政府购买服务的方式聘请专职巡查保洁员，以"街区化"管护模式对境内河道、支流、水库、山塘分段监控、分段管护。河北省承德市将河湖保洁员、巡查员和专管员统一整合为"河湖管理员"，通过"三员合一"全面提升山区河湖管护效能。四川省雅安市出台《雅安市村级河（湖）长制条例》，开展村级河湖管护体系建设，建立党员志愿巡护队、巾帼志愿宣传队、河湖保洁队。

根据调查统计，截至 2021 年底，全国各地依托水利工程管理单位或河湖管理单位等直接承担河湖管护涉及人员 5.7 万人，采用政府购买服务方式开展河湖管护涉及人员 11.99 万人，设立巡河员（护河员）等共计 66.32 万人，结合护林（草）员、环境卫生保洁员等岗位设立巡（护）河员 24.97 万人，其他形式涉及 3.91 万人，河湖管护"最后一公里"总参与人员约 112.89 万人。

做好基层河湖管护必须把基层河湖管护队伍建设放在首位，把保障人员及工作经费作为核心要素，把明确河湖管护内容形式、建立完善的制度体系作为关键内容。

一是因地制宜探索多元化管护模式。明确管护责任，因地制宜采用相应管护模式，建立长效机制。财政资金保障程度较高的地区，城区、人口相对密集区、旅游区、城市度假区河段，以及已经设立村级河长的地区，由县乡提供经费，村级河长负责管护；未设立村级河长的地区，可由县级政府或有关部门聘用巡河员（护河员），乡（镇）、村负责监督。江河源头区域以及财政资金保障相对不足的中小河流、乡村河段（湖）所在地，可采用聘用低收入人群兼职巡河员（护河员）等方式，实行一人多岗。

二是完善河湖管护资金投入机制。拓宽河湖管护资金渠道，保障河湖巡查管护人员工资性支出。根据河道等级、管护任务等，科学测算河湖管护资金投入，建立省、市、县、乡各级财政按比例分担的河湖管护资金投入机制。同时，推进市场化运作方式，坚持"谁受益、谁负担"

的原则，鼓励和引导社会资金投资河湖治理，减轻政府资金压力，探索企业对承包河道享有旅游开发、水资源使用等生产经营权利的同时，承担所承包河道的日常保洁、生态修复等工作。

三是建立健全日常管护制度。明确河湖管护要求，确保河湖巡查管护工作落实落细。对基层河湖巡查管护人员，建立规范的选聘制度，明确选聘要求及录用程序，接受社会各方监督。建立相关培训制度，不断提高河湖巡查管护人员的履职能力。完善考核制度，考核结果与报酬及聘用挂钩，充分调动基层人员巡河护河的积极性，稳定河湖巡查管护队伍。推进河湖管护规范化建设，明确河湖管护内容、形式、管护人员及设备配置、经费保障等事项，实现河湖巡查管护常态化、规范化、制度化。

问：增强人民群众的幸福感和满意度，是我国当前社会治理的重要目标导向，河湖治理亦面临这一要求。打造人民群众满意的幸福河湖，已经成为很多地方治理河湖的重要着力点。近年来，水利部和一些地方积极加快推进幸福河湖建设工作。请您谈谈对幸福河湖建设的认识。

答：2022年，水利部选取7个典型省份，开展幸福河湖建设试点工作，计划用一年左右时间，通过实施系统治理和综合治理，打造人民群众满意的幸福河湖。近两年，江苏、江西、河南、湖南、福建等省份，通过总河长令等形式在全省推动幸福河湖建设。

早在延安时期，为解决党中央驻地——枣园周围1400亩土地的灌溉问题，陕甘宁边区政府带领部队和群众修建了边区第一条长渠，群众亲切地称其为"幸福渠"。对于黄河而言，"幸福河"就是大堤不决口、河道不断流、水质不超标、河床不抬高，就是保障流域内4.2亿人口的生命财产安全和生产生活生态用水，就是满足中华民族对黄河母亲河强烈的情感寄托。对于全国江河而言，"幸福河湖"就是防洪保安全、优质水资源、健康水生态、宜居水环境、先进水文化。

建设幸福河湖既是贯彻落实党中央重大决策部署的具体举措，也是实现人民对美好生活向往的必然要求，需要统筹部署、规范标准、完善机制、分步实施、有序推进。

一是做好顶层谋划，进行统筹部署。践行"绿水青山就是金山银山"的理念，坚持统筹规划、系统治理，因地制宜、精准施策，打造群众满意的河湖生态景观。统筹水安全、水资源、水环境、水生态、水文化、水经济，合理确立幸福河湖建设的目标，打造结构完整、功能健康的河湖生态系统，建设人与自然和谐共生的河湖体系。针对乡野、城镇等不同河湖类型，结合不同功能要求，确定幸福河湖建设任务与措施。创新探索符合地区特点、形式多样的幸福河湖治理模式，实现生活、生产、生态空间相得益彰、融合发展，提升群众幸福感。

二是建立标准规范，强化技术指导。综合考虑河湖不同区域的功能定位和保护目标要求，统筹河湖保护与资源利用，统筹幸福河湖建设与产业发展，需要研究制定幸福河湖建设的技术标准规范。以河北省幸福河湖评价为例，内容涉及防洪、水域岸线空间管控、水污染治理、河湖生态复苏、河湖文化发掘、打造沿河环湖高质量发展产业带等，包括数十项具体评价指标。同时，在指标设计及评价赋分要求设定时，考虑了河流与湖泊的差异性、城市河段与农村河段的差异性、主要行洪河道与其他河道的差异性，既反映幸福河湖的内涵要义，也体现实事求是的精神，符合具体河湖的治理实际。

三是依托河湖长制，完善监管机制。幸福河湖建设，是当前推行河湖长制工作的重要任务。一方面，要强化河湖长履职尽责，健全完善上下贯通、层层落实的河湖管护责任链，提升河长办运转能力，明确各部门幸福河湖建设的主要任务及时间要求，完善协调联动机制，推进部门协同、合力治水。另一方面，要建立幸福河湖常态化管护长效机制，建立完善河湖日常巡查管护体系，健全河湖监测制度，完善智慧监控管护体系，开展河湖健康评价，将幸福河湖建设工作纳入河湖长制履职考核，打造"河畅、水清、岸绿、景美、人和"的河湖环境，不断增强人民群众的获得感、幸福感、安全感。

问：河湖治理与我国经济社会发展紧密关联，是我国经济社会高质量发展的必然要求。近年来，国家基于国情和水情，大力实施"江河战略"，对河湖治理进行了新布局。请您谈谈对"江河战略"的认识。

答：党的十八大以来，国家高度重视江河湖泊的保护治理，提出"节水优先、空间均衡、系统治理、两手发力"的治水思路，多次赴长江、黄河沿线考察，先后视察南水北调东线、中线工程，擘画了长江经济带高质量发展、黄河流域生态保护和高质量发展等重大国家战略。

国家"江河战略"着眼我国高质量发展全局，以大江大河保护治理为牵引，统筹发展和安全，遵循人与自然和谐共生的辩证法则，谋划让江河永葆生机活力的发展之道，体现了纵观古今的历史眼光、宏阔的发展逻辑和深邃的文明视角。确立国家"江河战略"，是贯彻新发展理念、构建新发展格局、推动高质量发展的必然要求，是优化区域经济布局和国土空间体系、促进区域协调发展的战略举措，是推进生态文明建设、促进人与自然和谐共生的重大步骤，是践行总体国家安全观、统筹发展和安全的现实需要，是寻根华夏文明、坚定文化自信的战略考量。

国家"江河战略"涵盖江河湖泊保护治理、流域经济发展、区域协调发展、生态文明建设、文化保护传承等方面，既有战略部署也有具体安排，既有思想观点也有理念方法，既有原则要求也有工作指导，内涵非常丰富，对水利实践具有很强的针对性、指导性。贯彻落实国家"江河战略"，必须紧密联系水利工作实际，统筹做好水灾害防治、水资源节约、水生态保护修复、水环境治理等各项工作，推动新阶段水利工作高质量发展。

问：由水污染引发的水治理是一个全球性的现象。工业革命之后，率先启动工业化的国家都遭遇了水污染难题。这些国家在河湖治理方面也开展了大量的探索与实践，比如，日本琵琶湖治理和英国泰晤士河治理就具有很强的典型性。请问这些探索对我国河湖治理能提供哪些启示？

答：工业化快速推进过程中，国外一些河湖遭受严重污染，经历了资源开发、环境治理、生态修复的过程。在河湖治理实践中，积累了有借鉴意义的经验做法。

一是以制度为核心注重法律法规建设。针对河湖治理涉及利益主体多元的问题，一些国家在河湖治理过程中，制定或修订河湖管理相关法律法规，为开展河湖保护治理提供法律依据，确保管理工作有法可依、有章可循。以日本琵琶湖为例，在国家层面的《河川法》《湖泊水质保护特别措施法》《环境基本法》《水污染防治法》等法律框架下，针对琵琶湖具体问题，颁布了《琵琶湖区发展特别法》《琵琶湖综合开发特别措施法》《琵琶湖富营养化防治条例》《琵琶湖观光利用条例》《琵琶湖水质保护方案》等一系列法律法规，对保护治理提出具体要求，为依法推进琵琶湖保护治理提供了法治保障。

二是以流域为单元开展综合管理。从国际上的河湖治理经验来看，河湖保护治理突破了行政区域划分，以流域为单元进行综合管理，在流域单元内建立有效的协调机制，设置相应的机构促进解决部门和区域间的矛盾冲突。例如，英国将泰晤士流域的 200 多个管水单位合并，建成一个新的机构——泰晤士河水务管理局，对泰晤士河流域进行统一规划与管理，制定水污染控制政策法令、标准，统一管理水处理、水产养殖、灌溉、航运、防洪等各种业务，并明确分工、严格执行。日本把琵琶湖流域划分成 7 个片区，每个片区都设有专门的行政机构和协调人，定期进行会晤、交流、协商，共同合作以实现对流域水环境的共同保护治理。

三是以市场为纽带实行协同治理。国外在河湖治理过程中普遍发挥市场机制作用，政府或河湖管理机构鼓励合理融资，引进社会资本，注重经济调控手段在水资源配置、利益分配方面发挥的作用。例如，泰晤士河水务管理局加强产业化管理，实行谁排污谁付费，发展沿河旅游业和娱乐业，通过多渠道筹措资金，减轻政府负担，实现政企分离，提高了项目的实施效率。莱茵河在管理过程中，通过制定相关法律向排污者征收污水费和生态保护税或建立生态补偿制度，解决了河湖治理资金的来源问题。德国鼓励企业联合兴建污水处理系统，实行有偿使用，市民在缴纳水费的同时，还需缴纳污水处理费和污水税。荷兰将富营养化修复与税收系统相结合，通过经济调控手段使农场的氮磷排放量降到最低。

四是以共享为基点引导公众参与。河湖保护治理涉及社会公众利益，除了政府的支持和重视，企业、公众也需要增强环境安全意识，共同参与形成合力。国外在河湖管理过程中主动引导沿河企业、工厂、农场主和居民以各种形式参与到河湖管理活动中，充分调动公众的参与热情，并建立民主的监督管理机制以保证各项活动公平公正有效地进行，推动社会公众在水污染防治及河湖保护治理中不断发挥作用。例如，日本为使社会公众了解琵琶湖污染的真实情况，通过发布环境公开白皮书、召开生态环境论坛、举办宣传活动等各种形式，及时向公众提供琵琶湖的环境状况及湖泊治理措施等，并确立"琵琶湖日"，积极组织多种环保活动，为湖泊治理营造良好的社会氛围。

《环境社会学》征稿启事

《环境社会学》是由河海大学环境与社会研究中心、河海大学社会科学研究院与中国社会学会环境社会学专业委员会主办的学术集刊。本集刊致力于为环境社会学界搭建探索真知、交流共进的学术平台，推进中国环境社会学话语体系、理论体系建设。本集刊注重刊发立足中国经验、具有理论自觉的环境社会学研究成果，同时欢迎社会科学领域一切面向环境与社会议题、富有学术创新、方法应用适当的学术文章。

本集刊每年出版两辑，春季和秋季各出一辑。每辑25万~30万字，设有"理论研究""水与社会""环境治理""生态文明建设""学术访谈"等栏目。本集刊坚持赐稿的唯一性，原则上不刊登国内外已公开发表的文章。

请在投稿前仔细阅读文章格式要求。

1. 投稿请提供Word格式的电子文本。每篇学术论文篇幅一般为1万~1.5万字，最长不超过2万字。

2. 稿件应当包括以下信息：文章标题、作者姓名、作者单位、作者职称、摘要（300字左右）、3~5个关键词、正文、参考文献、英文标题、英文摘要、英文关键词等。获得基金资助的文章，请在标题上加脚注依次注明项目基金来源、名称及项目编号。

3. 文稿凡引用他人资料或观点，务必明确出处。文献引证方式采用注释体例，注释放置于当页下（脚注）。注释序号用①，②……标识，每页单独排序。正文中的注释序号统一置于包含引文的句子、词组或段落标点符号之后。注释的标注格式，示例如下：

（1）著作

费孝通：《乡土中国　生育制度》，北京：北京大学出版社，1998年，第 27 页。

饭岛伸子：《环境社会学》，包智明译，北京：社会科学文献出版社，1999 年，第 4 页。

（2）析出文献

王小章：《现代性与环境衰退》，载洪大用编《中国环境社会学：一门建构中的学科》，北京：社会科学文献出版社，2007 年，第 70 ~ 93 页。

（3）著作、文集的序言、引论、前言、后记

伊懋可：《大象的退却：一部中国环境史》，梅雪芹等译，南京：江苏人民出版社，2014 年，"序言"，第 1 页。

（4）期刊

尹绍亭：《云南的刀耕火种——民族地理学的考察》，《思想战线》1990 年第 2 期。

（5）报纸文章

黄磊、吴传清：《深化长江经济带生态环境治理》，《中国社会科学报》2021 年 3 月 3 日，第 3 版。

（6）学位论文、会议论文等

孙静：《群体性事件的情感社会学分析——以什邡钼铜项目事件为例》，博士学位论文，华东理工大学社会学系，2013 年，第 67 页。

张继泽：《在发展中低碳》，《转型期的中国未来——中国未来研究会 2011 年学术年会论文集》，北京，2011 年 6 月，第 13 ~ 19 页。

（7）外文著作

Allan Schnaiberg, *The Environment*: *From Surplus to Scarcity*, New

York：Oxford University Press，1980，pp. 19 – 28.

（8）外文期刊

Maria C. Lemos and Arun Agrawal，"Environmental Governance," *Annual Review of Environment and Resources*，Vol. 31，No. 1，2006，pp. 297 – 325.

4. 图表格式应尽可能采用三线表，必要时可加辅助线。

5. 来稿正文层次最多为 3 级，标题序号依次采用一、（一）、1。

6. 本集刊实行匿名审稿制度，来稿均由编辑部安排专家审阅。对未录用的稿件，本集刊将于 2 个月内告知作者。

7. 本集刊不收取任何费用。本集刊加入数字化期刊网络系统，已许可中国知网等数据库以数字化方式收录和传播本集刊全文。如有不加入网络版本者，请作者来稿时说明，未注明者视为默许。

8. 投稿办法：请将稿件发送至编辑部投稿邮箱 hjshxjk@ 163. com。

《环境社会学》编辑部

ENVIRONMENTAL SOCIOLOGY RESEARCH

No. 1 (2023)

Table of Content & Abstract

Abstract: Based on the fact that the water quality in the Taihu Lake basin has significantly improved, but new problems have also emerged in the treatment, this paper attempts to trace back to the main types and social mechanisms of commons governance. Taking villages and clans as the unit, we should jointly build and share river ports, and form a pattern of co governance by virtue of practice norms, educational constraints, and acquaintance supervision. With the help of necessary production activities, give consideration to solving river environmental problems, and form a concurrent governance activity focusing on river regulation and giving consideration to production or production and giving consideration to environmental governance. The "quasi infinite" resource characteristics derived from the traditional waters reach the balance between man and nature, and between man and man, making it possible to automatically reach an order without deliberate effort. With the change of the social conditions on which the governance mechanism depends, the water area governance needs to keep pace with the times, but the basic concepts carried by the traditional governance may provide reference for the current governance.

Keywords：Taihu Lake Basin；Environmental Governance；The Tragedy of the Commons

Water Problems and Environmental Governance

The Evolution and Reflection of Social "Self-Organization" under Ecological Transition in Southern Jiangsu

Song Yanqi / 17

Abstract：In addition to economic and social development, the southern Jiangsu region has also been undergoing ecological transformation, which is reflected in many aspects such as industrial development, agricultural development, planning layout, environmental quality demands, governance subjects, governance guarantees and governance perspectives. Along with the ecological transformation in southern Jiangsu, social "self-organization", i. e. the "self-organization" of social forces, has also been evolving：self-advocacy "self-organization" from disorder to order；economically rational "self-organization" from "fragment" to systems；social capital "self-organization" from closure to opening up；commonweal "self-organization" from weakness to strength. Social "self-organization" has evolved in line with the ecological transformation of the southern Jiangsu region, and has also contributed to the ecological transformation of the southern Jiangsu region to a certain extent. At present, there is a need to guide the healthy development of social "self-organization" in southern Jiangsu from the perspectives of categorization and support, promoting the integration of environmental governance and social governance, strengthening the disclosure of environmental information, etc. , so that it can play a greater role in environmental governance.

Keywords: Southern Jiangsu Region; Ecological Transformation; Social "Self-Organization"

Dual Embedding: A Model and Path for ENGOs to Promote Environmental Management in Chemical Industry Parks

Zhong Xingju, *Wang Min* / 41

Abstract: Based on the development strategy of carbon peakingandcarbonneutralitygoals, ENGOs promote cleaner production and green development of enterprises in chemical industry park shave become an important choice of measures to reduce carbon emissions. In the context of "retreating from the city and into the park", the environmental management of enterprises in chemical industry parks is facing the dilemma of government "failure" and public "disappearance". ENGOs show a dual embedding path of professionalism and publicity in promoting the environmental governance of small and medium-sized enterprises in chemical parks: First, ENGOs embed "professionalism" in the park and establish cooperative relations, and force the government to implement pollution control by administrative means through professional salon seminars; The second is to promote the development and application of "Green Neighborhood Index" from the perspective of "public return" for public participation in environmental management evaluation of chemical industry parks, so as to build a harmonious relationship between parks and groups and promote the green and sustainable development of the parks. The study finds that the environmental governance process of environment-friendly chemical parks is essentially the result of multi-subject cooperation and co-governance with professionalism as the premise, which provides diversified choices and space for the development path of "bureaucratization" and "public participation" of ENGOs in China.

Keywords: Professionalism; Embed; ENGOs; Chemical Industry Parks

Product-Oriented Environmental Governance Model and its Practical Exploration: the Case of Bottled Water

Li Wanwei / 65

Abstract: In the process of environmental problems generated by the market economy, products are in an intermediary position, so it is necessary to explore a product-oriented environmental governance model. That is, taking the product as the "gripper" and material "carrier" of governance, accurately measuring the environmental impact of each stage of the product life cycle through scientific means, promoting product stakeholders to share environmental responsibility through dialogue, and promoting the green transformation of the product industry chain through market means. According to this governance model and its operation mechanism, taking bottled water as an example, practical exploration was carried out, and it was found that the implementation of bottled water life cycle assessment, the implementation of stakeholders' environmental responsibilities, and the promotion of industrial green transformation can effectively solve the environmental problems caused by bottled water. Compared with the traditional environmental governance model, the product-oriented governance model has distinct integration advantages: it can realize the integrated governance of different environmental issues, the linkage and cooperation of multiple governance subjects, and the synergy between economic development and environmental protection.

Keywords: Environmental Governance; Governance Model; Product Orientation; Bottled Water

Water Problems and Social Response in Arid Areas

Economic and Social Impacts and Responses to Flood Disasters in the Tarim River Basin in the Context of Climate Change

Feng Yan / 83

Abstract: Inland rivers, which relied on glacial meltwater as their main source of recharge, were significantly affected by climate change. The rapid melting of glaciers due to climate warming, combined with the increase in summer precipitation and frequency, had led to a surge in river runoff and flooding in the Tarim River basin in Xinjian. 1987 was the turning point of Xinjiang's climate development toward warming and humidity. Since 1990s, the frequency and magnitude of floods in the Tarim River basin increased significantly. Flooding and groundwater recharge maintained the ecosystem balance of the natural oasis in the basin, but had a devastating impact on local industrial and agricultural production, transportation roads, water conservancy facilities and tourism economy. The government had changed its thinking on water management, combined with the comprehensive management of river basins, and improved the flood prevention and disaster reduction work system; communities actively responded to the government's flood control arrangements to reduce flood losses; villagers applied organic fertilizer to flooded land and grew short-term vegetables to reduce the adverse effects of flooding. In the long run, the regulating effect of glaciers as "solid reservoirs" on river runoff would gradually weaken or even disappear, which would bring great challenges to the future economic and social development of the extremely arid Tarim River Basin.

Keywords: Climate Change; Melting Glaciers; Tarim River Basin; Flood Disasters

Climate Change, Population Growth and Social Anomie: An Interpretation Framework for the Problem of Water Scarcity Lack in Middle Region of Gansu Province

Lin Rong / 106

Abstract: Since the 1990s, the problem of water scarcity in the loess plateau area ofmiddle region of Gansu province has become increasingly severe. The analysis of the investigation data of Gangu county and Xie village shows that the problem of water scarcity in a certain period is the result of the combination of natural and social factors. First of all, under the general trend of warmer and drier climate, water for production and living is increasingly scarce. In the 1990s, Gangu county suffered a drought lasting nearly a decade, which resulted in a large reduction in food production and difficulty for people and animals to drink water. Secondly, the pressure on environmental resources caused by the rapid growth of population after the founding of China was concentrated in the 1990s. In order to develop the economy and meet the increasing demands of life, the villagers have to intensify the developmentofenvironmental resources. Land is being cultivated to the maximum extent, and forest land is being cut down to the minimum. As a result, the village ecosystem becomes increasingly unbalanced, and people feel that water shortage is becoming more and more serious. Third, after the times of collectivization, the relationship between the state and society is gradually loosened, and the state's control over the behavior of villagers is weakened. Because of the lack of effective regulation, the forests have been cut down and the drought is getting worse.

Keywords: Loess Plateau; the Problem of Water Scarcity; Climate Change; Population Growth; Social Anomie;

Water Shortage Caused by Governance: Taking the Installment Agriculture of an Ecological Immigrant Village in Gounty G, Ningxia as an Example

Shang Ping / 124

Abstract: Water shortage has always been a prominent problem in northwest China. In order to solve this problem, the present situation and causes of water shortage must be deeply analyzed. Based on the field investigation of Q village in Gounty G, Ningxia, this paper found that on the one hand, the problem of water shortage is serious, and on the other hand, water pollution and water waste coexist. The reason is that there are problems in governance itself, including short-sighted governance concept, unbalanced governance structure, dilemma of market governance, insufficient support of technical governance and lack of awareness of risk governance, as well as improper governance and delayed governance processes, which artificially causes "the water shortage caused by governance". To avoid this, we need to constantly optimize the water harnessing mechanism itself, balance the relationship between people and water, and adjust the social relationship between water allocation and water use.

Keywords: Water Shortage Caused by Governance; Ecological Migration; Groundwater Irrigation; Installment Agriculture

Foreign Water Governance

Environmental Governance and Policy of Lake Biwa: An Exploration from the Perspective of Environmental Sociology

Yang Ping, Yuichi Kagawa / 141

Abstract: What changes have taken place in the water environment of Lake Biwa in Japan, how has the problem of environmental pollution been solved, and what role has citizen participation played in the process? How did the public participate in the comprehensive development of Lake Biwa, how did the biodiversity of the ancient lake be protected, and how did the environmental policy be formulated and played a role? In view of these problems, this paper will review them from the perspective of environmental sociology, provide a platform for academic exchange for the exploration of environmental problems based on the lake and water, explore the social problems existing in the implementation of environmental policies, and put forward new suggestions for the research of environmental sociology.

Keywords: Lake Biwa; Environmental Sociology; Environmental Policy; Citizen Activities; Environmental Education

The Historical Changes and Governance Options of Water Problems in Africa

Zhang Jin / 159

Abstract: Water resources are precious in Africa, not because of its geographical scarcity, but as a result of uneven spatial and temporal distribution, under-exploitation, low water supply efficiency and weak water governance capacity. Water problem in Africa mirrors Africa's history, reflects the process of Africa's struggle to control water resources from pre-colonial and colonial times to post-statehood, eventually African countries have to work with global partners on water governance. Multi-sector and multi-participant governance, weak infrastructure, poor political stability, and the influence of traditional cultural practices characterize the water governance in Africa. Although the improvement of the overall capacity of African countries is a prerequisite for independent water governance in Africa, the localization of indigenous knowledge and the utilization of external assistance from emerging economies such as China are undoubtedly good options to improve water governance in Africa.

Keywords: Water Problems; Historical Changes; Water Governance

Academic Interview

图书在版编目（CIP）数据

环境社会学. 2023 年. 第 1 期：总第 3 期 / 陈阿江主
编. -- 北京：社会科学文献出版社，2023.3
ISBN 978 - 7 - 5228 - 1611 - 1

Ⅰ.①环… Ⅱ.①陈… Ⅲ.①环境社会学 – 中国 – 文
集 Ⅳ.①X2 – 53

中国国家版本馆 CIP 数据核字（2023）第 053124 号

环境社会学　2023 年第 1 期（总第 3 期）

主　　编 / 陈阿江

出 版 人 / 王利民
责任编辑 / 胡庆英
文稿编辑 / 刘　扬
责任印制 / 王京美

出　　版 / 社会科学文献出版社·群学出版分社（010）59367002
　　　　　　地址：北京市北三环中路甲 29 号院华龙大厦　邮编：100029
　　　　　　网址：www.ssap.com.cn
发　　行 / 社会科学文献出版社（010）59367028
印　　装 / 三河市龙林印务有限公司

规　　格 / 开　本：787mm × 1092mm　1/16
　　　　　　印　张：13　字　数：186 千字
版　　次 / 2023 年 3 月第 1 版　2023 年 3 月第 1 次印刷
书　　号 / ISBN 978 - 7 - 5228 - 1611 - 1
定　　价 / 89.00 元

读者服务电话：4008918866